高等院校“十三五”应用型艺术设计教育系列规划教材

室内设计表现技法

主　编　余　瑛　鲍艳红
副主编　王　浩　陈嘉蓉
参　编　赖莉莉

合肥工业大学出版社

图书在版编目（CIP）数据

室内设计表现技法/余瑛等主编. —合肥：合肥工业大学出版社，2017.5
ISBN 978-7-5650-2835-9

Ⅰ. ①室… Ⅱ. ①余… Ⅲ. ①室内装饰设计—绘画技法 Ⅳ. ①TU204

中国版本图书馆CIP数据核字（2016）第135025号

室内设计表现技法

余 瑛 鲍艳红 主编　　责任编辑 王 磊

出 版	合肥工业大学出版社	**版 次**	2017年5月第1版
地 址	合肥市屯溪路193号	**印 次**	2017年5月第1次印刷
邮 编	230009	**开 本**	889毫米×1194毫米 1/16
电 话	艺术编辑部：0551-62903120	**印 张**	6.25
	市场营销部：0551-62903198	**字 数**	210千字
网 址	www.hfutpress.com.cn	**印 刷**	安徽联众印刷有限公司
E-mail	hfutpress@163.com	**发 行**	全国新华书店

ISBN 978-7-5650-2835-9　　定价：42.00元

如果有影响阅读的印装质量问题，请与出版社市场营销部联系调换。

前言

手绘效果图的表现是室内设计的主要环节，方案构思与创作过程中，用手绘的方式进行推敲表达会使设计更为深入、生动、便捷，并非常有效地表现出设计师的设计想法。所以，如何画好效果图，如何准确、快速地表达设计意图，一直是室内设计师研究和探索的课题。

本书是编者在结合多年教学与设计实践经验的前提下，由浅至深的给读者展示室内各种表现技法,让不同基础的读者都可以快速掌握。本书从室内表现图的概念入手，依次介绍绘制表现图的各类工具与材料；从简单的透视线稿开始，到最后彩铅、马克笔、水粉、水彩上色的效果图完成，每一步都挖掘出手绘表现的重难点与便捷方法，使读者从不同的角度都能找到适合自己的表现方法。

本书由武汉科技大学城市学院艺术学部余瑛老师担任第一主编，鲍艳红、王浩、陈嘉蓉、赖莉莉老师也承担了相应的编写任务，书中结合了前辈的表现设计理念与编者多年教学实践的经验，并感谢武汉科技大学城市学院艺术学部环境设计专业的同学们为本书插图绘制付出了辛勤的劳动。但由于时间仓促，书中的错误或存在一定的片面性和偶然性，或者存在不严谨之处，还请广大读者指正。

编 者

2017.5

目录

1

第一章　室内设计表现技法概述

第一节　室内环境表现图概念

室内环境设计表现图是室内设计整体工程图纸中的一种，设计师的构思意图和设计最终效果是室内设计师直观而形象地通过绘画手段表达的。（图1－1）

图1—1

一个在行的室内设计师最欣慰的是自己的设计作品被别人理解。然而闪烁于设计师头脑中的灵感和想法是隐约的不可见的，不是具象的，唯有通过一定的表现形式才能体现构思，才能得到认同，从而形成方案，进而可能实施并变为现实。

一切涵盖视觉传递的图形学技术如制图、透视效果图、模型、电影、录像等等都成为室内设计师需要一种表现工具的选择对象。没有经过专业训练的外行人一般很难看得懂专业性强，表现最为确切的正投影制图；空间表现能力最为直接的是模型，但制作起来很麻烦；摄影、电影、录像等虽然能够完整无误地反映现实，可是却不能直接摄下设计师头脑中尚未再现的构思。因此，具有空间表现力较强、艺术直观性好、绘制相对容易等优点的透视效果图，自然而然地担当起室内设计效果表现的主角。

第二节　室内环境设计演变发展史

室内环境设计是人与居住环境相互作用的艺术，是一种人类创造和提高自己生存生活环境质量的活动。

一、概述

想象一下我们的祖先必须设计和制造赖以生存的全部必需品，他们赖以遮风蔽雨的居住空间大都是天然洞穴、坑穴或者是利用自然林木搭起来的“窝棚”。这些天然形成的内部空间毕竟不太舒适，为了更加利于生存，人们总是想把自己的居住环境改造一番。于是就有些头脑灵活的人“确信有更好的方法”使他们的日子过得更好，最早的室内环境设计就开始了。我们在物质世界里尽可能地改善我们的机遇，我们同“自然”渐渐拉开了距离。人类童年时期所做的“设计”显然是简单幼稚的，但它不时为我们创作提供灵感的源泉，因为其单纯、朴实的艺术形象反倒有一种独特的魅力。

早期人类所拥有的物质财富和解决技术问题的能力特别有限。就像古书记载：“上古之世，人民少而禽兽众，人民不胜禽兽蛇虫，有圣人作，构木为巢，以避群害。”因此这个时期的人工环境非常原始，基本上就是处在与自然环境共融的状态。进入农耕时期，人类开始定居。随着生产工具的改进，生产力水平的提高，建筑在发展中不断完善，逐渐形成了两大体系：东西方传统建筑的木构造与石构造。（图1－2至图1－21）

图1—2　敦煌

图1—3　龙门石窟

图1—4　敦煌石窟室内

图1—5　印度，唯杰西瓦达神庙圣殿前大厅。所有的室内装修和装饰都为了突出圣殿的宗教气氛

图1—6　美国宾州戈兰尼特兰购物中心的室内

图1—7　哥特风格教堂的中殿。哥特式教堂建筑在技术上的成就被用来为宗教服务

图1—8　美国新泽西洲生命科学研究大楼中庭　诺曼·福斯特设计

图1—9　美国伦敦DKNY服装店
美国KPF设计事务所设计

图1—11　日本Spiral中心室内，桢文彦设计，1985年

图1—10　这间古老的日本木构小旅馆建于郊区，新做的移窗门并非像传统那样四扇都可以活动，而只能打开其中的两扇

图1—12　法国"SS"号远洋轮船舱内用石版画装饰的楼梯

图1－13　意大利，佛罗伦萨劳伦齐阿纳图书馆米开朗琪罗设计，1523—1526年

图1－14　意大利威尼斯教士会堂大厅

图1－16　颐和园仁寿殿正殿内景

图1－15　意大利文艺复兴时期的“Piombino Dese”，帕拉第奥设计，1553年

图1－17　山西平遥石头坡的窑洞式民居

图1—18　山东曲阜孔庙内北屏门

图1—19　苏州怡园内藕香榭内景

图1—20　奥地利维也纳某住宅楼梯间　奥托·瓦格纳设计

图1—21　巴黎卢浮宫扩建工程的室内，位于地下的倒置金字塔　贝聿铭设计，1983—1993年

1. 西方

西方建筑的石构造于古埃及就开始了，辉煌于古希腊、古罗马。那金字塔的长河落日般雄伟宏大，雅典卫城帕提农神庙的秀美庄重，罗马万神庙的壮丽雄伟气势，是人类石构造建筑的经典。在那些用于宗教礼拜、供奉偶像、祭奠先人的纪念性空间里是室内环境设计成就的集中主要体现。从历史上遗留下来的大量宗教建筑和墓葬内部空间的不近人情的尺度和震撼人心的规模中得以体现那个时期的人们的室内环境设计观念。从技术与艺术的角度来看，那时期的室内空间设计在构造和处理手段上为后来的发展打下了坚实和丰厚的基础。从室内环境设计的早期开始就体现出环境设计的艺术与技术紧密结合的这一特征。欧洲的文艺复兴虽然姗姗来迟，但此后的社会财富占有者们也后来居上。大兴土木，如教堂、宫苑、别墅等的内部空间都非常华丽。纵览农耕时期的建筑，不难发现除了居住与公共建筑之外，生产性建筑非常少，以至于古罗马三叠连续拱券输水道和中国战国水利工程都江堰成为稀有的代表。近代，室内环境设计史上一道重要的分水线就是在18世纪晚期的工业革命时期，开拓室内环境设计事业发展的新空间新氛围。大量新材料如钢、玻璃、混凝土的出现，批量生产的纺织品和其他工业产品，以及后来出现的大批量生产的人工合成材料，给室内设计师带来了更多的选择可能性。室内环境对功能的要求激发了现代建筑理论的诞生。“形式随从功能”、“住宅是居住的机器”等言论，为现代主义建筑产生起到重要的催化作用。因为钢筋混凝土框架结构和玻璃的大量使用，所以使营造更大的内部空间成为现实。灵活多变的空间形式，创造出功能实用、造型简洁的建筑样式，全部打破了农耕时代传统建筑较为生硬呆板的空间布局。由此人们对室内环境设计的要求也更加丰富多样化和个性化，从而使室内环境设计的研究和实践都进入了一个十分崭新的阶段。

进入20世纪，一批设计师以富于创新精神的实践和探索开创了现代室内环境设计的先河。相应的，现代室内环境设计教育也在世界范围内得到发展。现代室内环境设计有下列主要特点：

(1) 追求室内空间的综合艺术品质；

(2) 充分利用现代工业的成果，大量应用工业材料和批量生产的工业产品；

(3) 在技术条件允许的情况下，尽可能地追求个性化的空间质量；

(4) 追求室内设计空间“舒适度”的提高，重视实用功能，讲求运用新科学与新技术。

2. 东方

东方建筑环境设计以中国传统的木结构为主，基本艺术造型来自木结构本身（图1－22）。东方建筑环境均注重建筑院落单位的群体组合，从宫殿寺庙、住宅园林中都可见一斑（图1－23、图1－24、图1－25）。千百年来主从有序、变化灵活的环境设计形制一脉相承，逐渐发展，享乐的主张在室内环境设计活动中开始得到突出体现。在东方，特别是在古代中国，在封建帝王的统治下，园林、宫殿、别墅每每雕梁画栋、极尽奢华。这时期的室内环境空间设计追求视觉上的愉悦美感，完全尽情雕琢。这一时期室内环境设计工艺作品精致、巧妙，大大地充实了室内环境设计的内容，给我们后世留下了丰厚的遗产。中国传统文化的一切特征都能在中国传统的室内设计中得以体现（图1－26、图1－27、图1－28）。同时它又是中国传统建筑不可分割的有机组成部分。中国传统的室内设计风格在各个方面都具有特别鲜明的优点特色，可是封建的生产关系却最终阻碍了中国传统的室内设计的发展。古代的建筑如宫苑、寝殿、寺庙、民居等其室内设计无一不反映着封建社会的伦理道德与生活方式。所有的使用功能几乎都要限制在同一类型的定式之中，包括色彩的运用也要遵循严格的规定。这全都是导致中国传统的室内设计风格在社会发生巨变后迅速衰落的根源（图1－29、图1－30）。

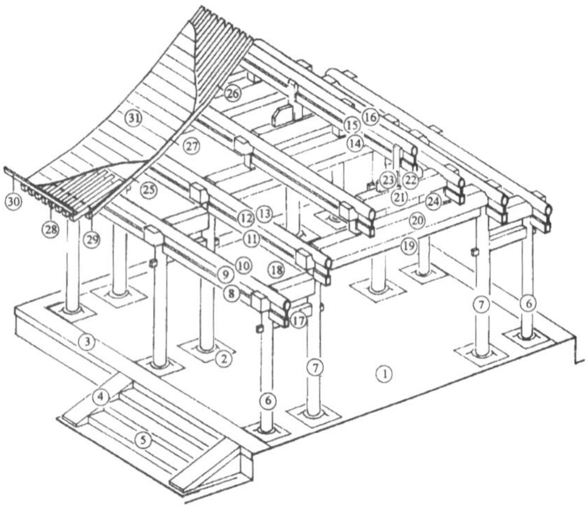

北京四合院正房抬梁式
（马炳坚《北京四合院建筑》）

图1-22

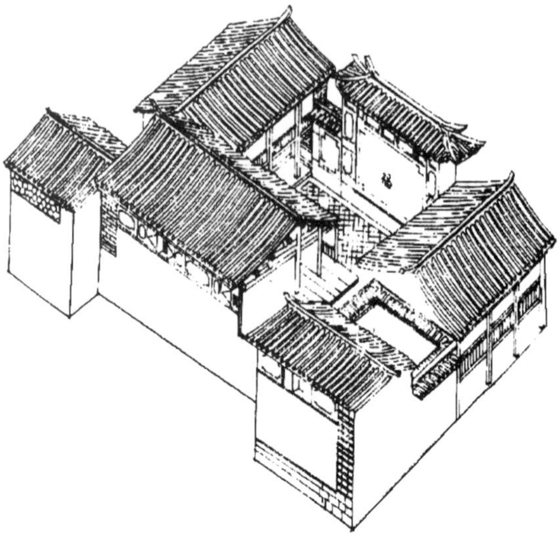

云南白族住宅穿斗式

图1-23

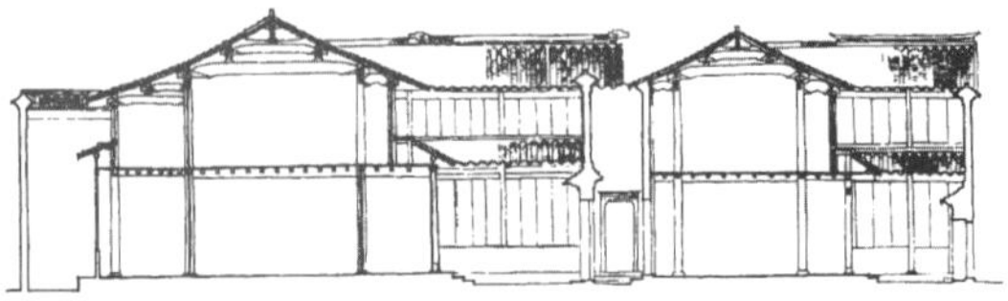

尊让堂横部面

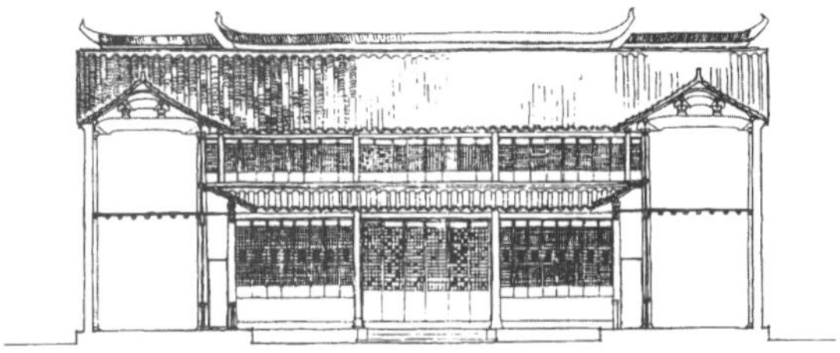

尊让堂横部面

图1-24

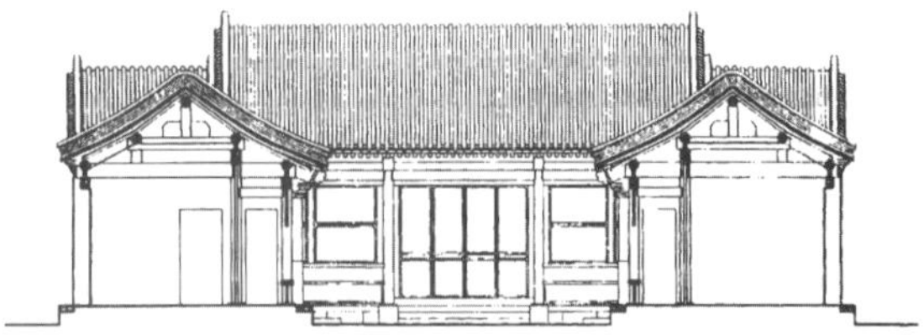

北京四合院正房立面及厢房剖面
（马炳坚《北京四合院建筑》）

图1-25

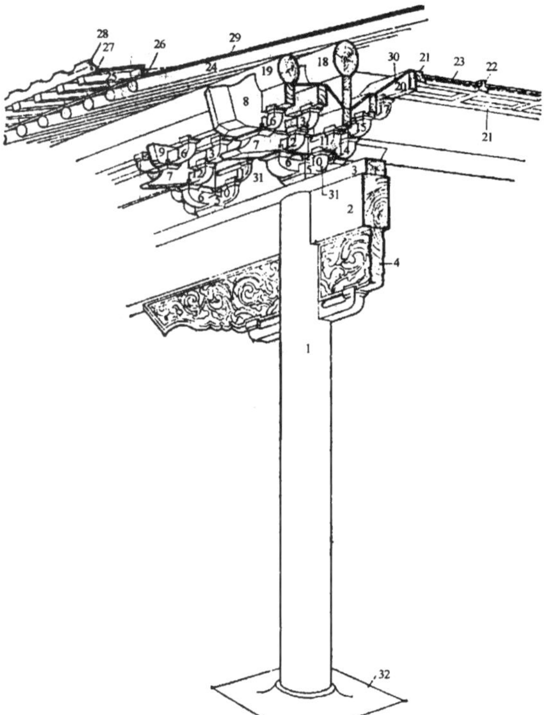

清式五踩单翘单昂斗拱
1. 檐柱；2. 额枋；3. 平板枋；4. 雀替；5. 坐斗；6. 翘；7. 昂；
8. 挑尖梁头；9. 蚂蚱头；10. 正心瓜拱；11. 正心万拱；12. 外拽瓜拱；
13. 外拽万拱；14. 里拽瓜拱；15. 里拽万拱；16. 外拽厢拱；17. 里拽厢拱；
18. 正心桁；19. 挑檐桁；20. 井口枋；21. 贴梁；22. 支条；23. 天花板；
24. 檐椽；25. 飞椽；26. 里口木；27. 连檐；28. 瓦口；29. 望板；
30. 盖斗板；31. 拱垫板；32. 柱础

图1-26

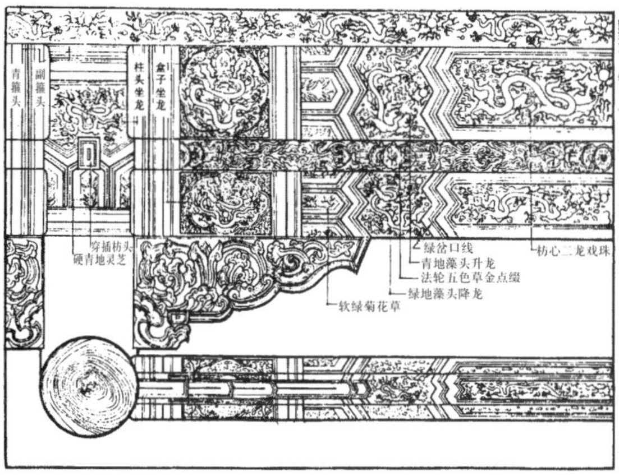

清式和玺彩画

图1-27

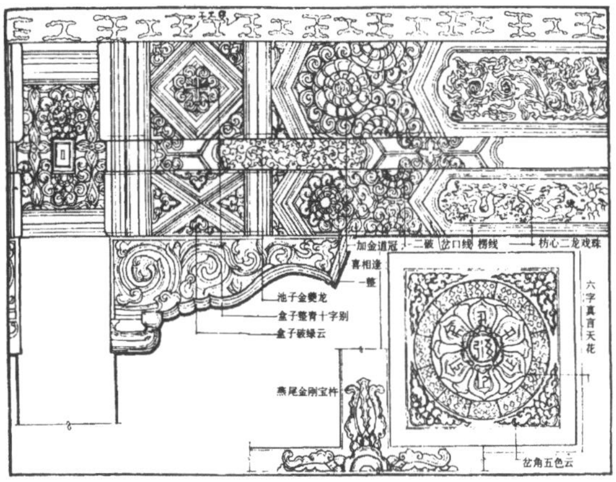

清式旋子彩画

图1-28

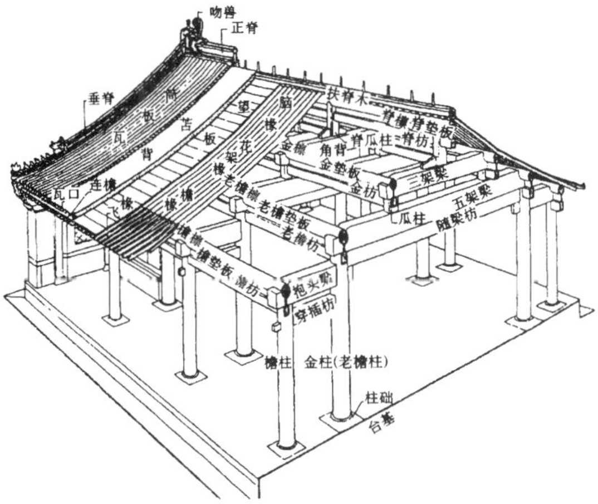

清式抬梁式木构架示意图

图1-29

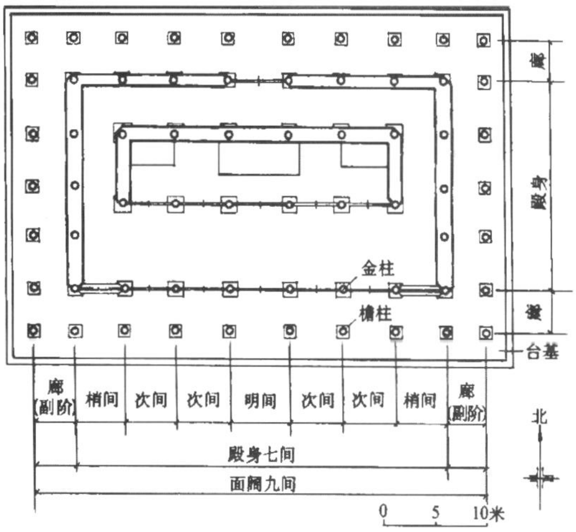

面阔9间（殿身7间）的重檐建筑平面

图1-30

我国环境艺术作为学科和行业，是自1985年起步的。1987年，《中国美术报》专门召开了环境艺术为主题的座谈会。与会的专家开始筹建中国环境艺术学会。1988年，中国环境艺术学会等举办“中国80年代优秀建筑艺术作品评选”，在海内外引起很大反响。1992年10月8日，中国建设文化艺术委员会成立。

30多年以来，随着改革开放的发展，我国城市化的速度和规模空前地加速加大，私人住宅开始加强环境设计与装修，环境设计与施工队伍急剧膨胀，每年的产值高达数千亿元之多。这些环境建设都存在着十分迫切的艺术文化要求。

高水平的室内环境艺术作品，不能只满足于“室内艺术的环境化”，更要追求“室内环境的艺术化”，即不但要有“境艺”，更要有“意境”达到“精神家园”的层次。

3. 展望未来

人工环境还将继续发展，与自然环境的共融共生，将会摆在最重要的位置上予以考虑。建筑领域“绿色设计”、生态建筑将会成为发展的主流。在人工环境的建设道路上，我们还需要突破许多难关。

二、室内设计效果图发展史

纵观古今从人类遮风避雨的天然洞穴到借助自然搭建起的草棚，到如今的高楼大厦，人类的生存环境一直在不断地改善。室内环境设计也随着历史发展的步伐前进。

随着人类改造自然的能力不断提高，对居住环境方面的要求也是越来越高，对室内设计要求也越来越多元化了。最初，室内除了居住休息之外，还有一些活动场所，从宗教活动场所的圣殿、寺庙，到不同等级的居住空间和从事社会活动的场所（如中国的故宫），还有生产交流的商业活动空间。然而，这一切都不是单纯的居住空间和活动场所，它还有一种能满足人们心理活动的空间，这一点是衡量现代室内设计的重要标准。

从室内环境设计的发展来看，无论是西方的石头结构，还是东方的木制结构，它不论从技术上还是审美角度上都在经历着一个由低到高的发展历程。最初人类对室内设计的空间质量要求主要是满足最基本的生存需要，那个时期的人们室内环境设计的观念，是一种崇拜神灵的观念，和现代人的观念相距甚远。但是那个时期室内空间的构造和处理为后来的发展打下了基础，也已经开始了艺术与技术的设计。随着生产力的发展和阶级的出现，人生享乐的观念与财富的积累一道也开始被重视起来，在封建王朝统治下的古代中国所修建的宫殿园林等都很充分地体现了这一点。有钱的人为了炫耀财富和地位，把一些名贵的艺术品搬放进室内，运用一些昂贵的材料来装饰家居。一直到工业革命以后人类对室内环境设计的活动才跨入一个新的时期，新材料和构造技术极大地丰富了室内环境设计的内容，最终更新了艺术设计的观念。现代环境设计增加了更先进的技术手段。居室的环境设计步入了一个新的阶段。

以上是对室内环境设计的历史做一个概述的总结。

然而，设计草图也是一门综合性的设计过程，它也是把设计构思变为设计构想的第一步，同是它也是由构想通向显示的最好表达途径。

室内环境设计通常用透视图来表现，室内透视图是指在室内环境设计过程中除工程图之外，在设计方案完成的最后过程中用以表达设计师的设计构思及意图，展示设计结果的表现性绘画。这种效果图是对未来的构想和空间预示，也是设计者创作结果的表现，它是一种有计划的预想的表达过程，也被称为室内效果图。它与建筑室内设计的平面和剖面图有所不同，它是在平面上表现三维空间的效果图。

据记载，公元前1世纪时期建筑大师维特鲁威就提到过建筑透视图的问题，而在公元前5世纪时古希腊就已萌发了透视画法的想法。欧洲到文艺复兴之后也将透视学真正作为一门科学来研究，它的成果很快进入建筑学领域，到17、18世纪就形成了今天常用的透视作图方法。从此透视方法运用到建筑绘画等多种领域，到19世纪布鲁克和海姆荷尔茨运用几何学原理完善了透视学，也开始和绘画技法、建筑室内设计技法合在一起发展到用钢笔、铅笔、水彩等方面来绘制效果图的技法，不过这时还是以学院派为代表的水墨渲染为主。20世纪初以后，随着现代主义运动的兴起，产生了以功能主义为代表的现代建筑运动。现代派大师以一种全新的视角、全新的表现手法来表达室内建筑的新概念。

随着科技的发展，电脑的应用成为设计的一场革命，特点是：室内环境效果图方面，有了电脑，设计师的表达意图和构思方式更加多样，更加精彩，设计者可以利用电脑制作出透视表现图，表现室内的空间效果。无论是每一个室内物体的质感还是一些光影的效果，甚至可以借助三维空间慢放动画，令人有身临其境的效果，而且还能够很好地表达出设计师在设计中的激情和意境。因此，在一定的前提下，运用这些技艺来绘测效果图是现代室内设计师常用的手法之一。

在一些国家，室内透视图的绘制出现了多种多样的形态，也出现了专门化的趋势。室内环境效果图的表现技法上也产生了许多新的标准和要求，计算机辅助设计能够做出极为真实的室内空间，从而在观念上改变了以往的表现的概念。

要成为一个优秀的设计师，掌握熟练的透视技法和绘图技法是必不可少的。尤其在我国，随着大量商业化和室内设计需求的增加，学习和掌握表现效果图的绘制方法还是一个重要的任务。

综上所述，室内效果图的绘制从起步到现代的电脑绘制等各种工具材料的应用，经历了几百甚至上千年的文明进程，都一一体现出人类对居室的居住环境要求在不断增加和提高，科技的步伐也随着人类的进步而加快。

设计师在设计过程当中，通过对室内空间的功能和有关问题的研究逐步深化了对设计的认识。设计意图也逐渐明显，从而具备了设计的条件，绘制室内环境效果图是一个将意识和想法转变为图形的过程，也是思维转化过程。室内效果图的绘制发展与室内设计风格也有着很重要的联系，室内设计中的风格与当时的建筑风格和家具的风格紧密结合在一起，有时也受当时的绘画、文学、音乐风格影响。不同的思维和不同地域特点，形成了不同的设计风格。而效果图的绘制也随着设计风格的变化而变化。一种风格的形成，往往在一定的时期和环境下能够影响到多种领域，并不局限于一种形式表现和视觉上的感受。因此，研究室内设计史的发展和风格流派，对设计师把握设计思潮是至关重要的。在这里对室内设计风格做一下简单的介绍，它先后经历了现代主义、后现代主义、追求朴素自然和高技风格，还有装饰艺术风格的设计。

“现代主义”风格起源于20世纪20年代前后，以德国包豪斯学派设计风格为代表。它强调突破传统，创建新的设计，反对多余装饰，崇尚合理构成，重视结构的形式美。在包豪斯的影响下，当时欧洲的设计形成简洁、功能合理的设计风格，但由于设计风格过于强调几何形式而造成室内效果有点冷静，同时它也影响了不少甚至一大批的设计师。

“后现代主义”强调室内空间的表现个性，追求地方特色，这一风格的设计常常是室内设置夸张、变形，或者将古典的手法组合起来，是集传统与现代于一体的室内环境设计。这一风格的代表人物有格里斯夫等。

追求朴素自然的设计风格，在设计上倡导回归自然，推崇“自然美”，在快节奏的生活当中只有回归自然才能使人的身心平衡，这种设计风格，造就了接近自然，宜于人们生存的室内生活环境。

影响室内设计中的“高技风格”，是以崇尚现代高科技术和机械美学为特征，突出现代工业技术成就，并在室内环境中加以表现，这一风格以法国巴黎的蓬皮杜展贸中心和中国香港的中国银行为典型，这一类室内设计的特征是比较有“时代感”。

“装饰艺术”风格的设计多运用几何线条和图案重点装饰于建筑内外，从装饰的特点来看，实质上是20世纪初欧洲流行的“新艺术”风格装饰手法的延续。这种风格在20世纪的设计风格中也占据了主导地位。在这个物质品极为丰富的社会里，人们对环境的要求除了最基本的满足生活功能外，则更加注重对精神方面的追求。所以室内设计除了在技术上、功能上满足对室内空间的基本要求外，更多的是将重点放在研究精神方面对室内设计的要求。

室内环境设计中的不同艺术风格和流派的产生、发展和变化，是室内环境科学进步的必然结果，同时也是人们生活形态发展的反映。从这些角度来认识室内设计，会对室内设计和室内效果图的发展有一个全新的认识。不同的设计师有着不同的设计方法和习惯，很难一概而论，一般都是从草图的设计开始，在此基础上对方案进行深入的细化和修改，最终室内效果图就达到了自身的作用。

三、应用范围

室内表现图与其他门类的设计表现图相比，所包含的内容更加广泛。室内表现图包括最基本的内部空间构造与气氛烘托，以及器物、植物、人物的画法。室内的尺度与人体最为接近，所以要求比建筑外立面的刻画更加精致。室内表现图的空间界面、光影直到质感的表现都要表达到相当的深度。想画好一张室内表现图，除了掌握透视制图的基本方法外，还必须要具备一定的美术绘画基础。就是说室内表现图是与专业设计紧密结合的一门绘画技法，学习室内表现图也就具有了与美术教学所共通的若干特点。

四、具体内容

本书要讲授的室内表现图就是运用正投影制图中透视的原理，绘制的近似于人眼实际看到的室内效果图。室内设计的空间体系建立在四维的时空概念之上。从空间限定的概念出发，室内设计的实际意义，就是研究各类室内环境中静态实体、动态虚性以及它们之间关系的功能与审美问题。抽象的空间要素点、线、面、体，在室内环境艺术设计的主要实体建筑中，表现为客观存在的限定要素：地面、顶棚、四壁围合成的空间，就像是一个个形状不同的空盒子。我们把这些限定空间的要素称为界面。界面有形状、比例、尺度和式样的变化，这些变化造就了建筑内外空间的功能与风格，使建筑内外的环境呈现出不同的氛围。室内设计的最终结果是包括了时间要素在内的四维空间实体，而室内设计则是在二维平面作图的过程中完成的。在二维平面作图中完成具有四维要素的空间表现，显然是一个非常困难的任务，因此，调动起所有可能的视觉图形传递工具，就成为室内设计图面作业的必需。图面作业采用的表现技法包括：徒手画（速写、拷贝描图），正投影制图（平面图、立面图、剖面图、细部接点详图），透视图（一点透视、两点透视、三点透视），轴测图。徒手画主要用于平面功能布局和空间形象构思的草图作业；正投影制图主要用于方案与施工图的正图作业；透视图则是室内空间视觉形象设计方案的最佳表现形式。

1. 效果图的草图阶段

室内效果草图不仅有平、立面的布置与设计，也时常利用具有透视效果的空间界面草图进行立体的构思和造型，这种直观的形象构思是设计师对方案进行自我推敲和设计师之间共同交流探讨的一种语言，效果草图有利于整体设计的进一步深化和空间造型的把握。设计师在设计过程中的各个阶段都可能画出一些所需的效果草图，表现风格强调个性化，表现工具常用钢笔、铅笔、马克笔，表现手段讲求精练、简略、快速生动。

2. 效果图的定稿阶段

效果图定稿阶段，多采用表现力充分、便于深入刻画的绘图工具和手段，要求画面表现的空间、造型、色彩、尺度、质感都应准确、精细、恰倒好处，并且有艺术感染力，使人信服、感动，比如水彩、水粉、喷笔以及多种技法的混合运用，社会审美的共性在其表现风格上应更多地强调。

3. 室内表现图的构成要素

构成室内设计表现图的基本内容即精神、骨骼、血肉和肌肤。

（1）表现效果的精神是设计的立意构思

无论设计师本人的徒手草图还是请画师代笔的表现图，都是或多或少地为体现设计的立意与构思这个根本目的所展开的，无论采用何种技法和手段，无论运用哪种绘画形式，画面所塑造的空间、形态、色彩、光影和气氛效果都是围绕设计的立意与构思所进行的。

正确地把握设计的立意与构思，在画面上尽可能地表达出设计的目的、效果，创造出符合设计本意的最佳情趣，是学习表现图技法的首要着眼点。提高自身的文化艺术修养，培养创造思维能力和深刻的理解能力是重要的培训目的。

（2）表现图的形体骨骼是准确的透视

设计构思是通过画面艺术来形象体现的。而形象在画面上的位置、大小、比例、方向的表现是依据科学的透视规律的。画面失真、缺乏美感是因为违背透视规律的形体与人的视觉平衡格格不入。因此，我们必须掌握透视规律，并应用透视规律法则处理好各种形象，努力使画面形体结构准确、真实、严谨、稳定。

在对透视法则的熟知与运用之外的基础上，我们还必须学会用结构分析的方法来对待每个形体在构成关系和各个形体之间的空间联系，这种联系也是构成画面的关键和纽带。学习结构分析的方法主要依赖于结构素描（也称设计素描）的训练，并且特别要加强正方形体感觉的速写练习，以便更加准确快捷地组合运用。

（3）表现图的血肉是明暗色彩

室内设计师要完整地体现一个具有美感的空间形体，就要在透视关系准确的基础上赋予恰当的明暗与色彩。生命的美和形的存在，我们就是从这些外表光色中感受到的。室内设计师必须在色与光的处理上施展相应的技能和手段，以极大的热情去塑造理想中的形态。加强训练的同时，我们要注重“色彩构成”基础知识的学习和掌握；注重色彩感觉与心理感受之间的关系；注重各种上色技巧以及绘图材料、工具和笔法的运用。

以上三个方面就是构成表现图的基本要素，如果说第一项是“务虚”，而后两项则是“务实”。用内在的“虚”作指导，着力表现出外在的“实”，然后再以其实实在在的形体、色光去反映表达内在的精神和情感，赋予室内设计表现图以气韵生动的效果。

2 第二章　室内环境表现图的工具、材料

第一节　室内环境表现图的工具

绘制室内环境表现图的工具并非说价格越昂贵，种类越齐全，绘制出的图就越好。殊不知同样一种工具，在别人手里挥洒自如，可到了自己手里却不一定听使唤。所以对于工具与材料的选配，一定要符合于自身条件，初学时只要有最基本的工具就可以了，根据经验和技巧的积累再考虑更多的工具比较合适。

一、铅笔、针管笔、签字笔、钢笔（图2-1）

1. 铅笔

H系列为硬，B系列为软，HB为中性，手绘表现图常用中软起稿，比如2B~4B，亦深亦浅，便于涂改。

2. 针管笔

主要使用无需填充墨水的一次性针管笔，手感好、重量轻、方便携带。在绘制表现图时应备有细、中、粗三种不同粗细的针管笔（比如0.3，0.5，0.7）。使用针管笔时应注意：

（1）绘制线条时，针管笔笔身应尽量保持与纸面垂直，以保证画出粗细均匀一致的线条。

（2）针管笔作图顺序应依照先上后下、先左后右、先曲后直、先细后粗的原则，运笔速度及用力应均匀、平稳。

（3）用较粗的针管笔作图时，落笔及收笔均不应有停顿。

3. 签字笔

类似平时书写时用的水性笔，常用笔号为0.5，没有针管笔全，但价钱相对便宜，适用于平时练习线条与草图。

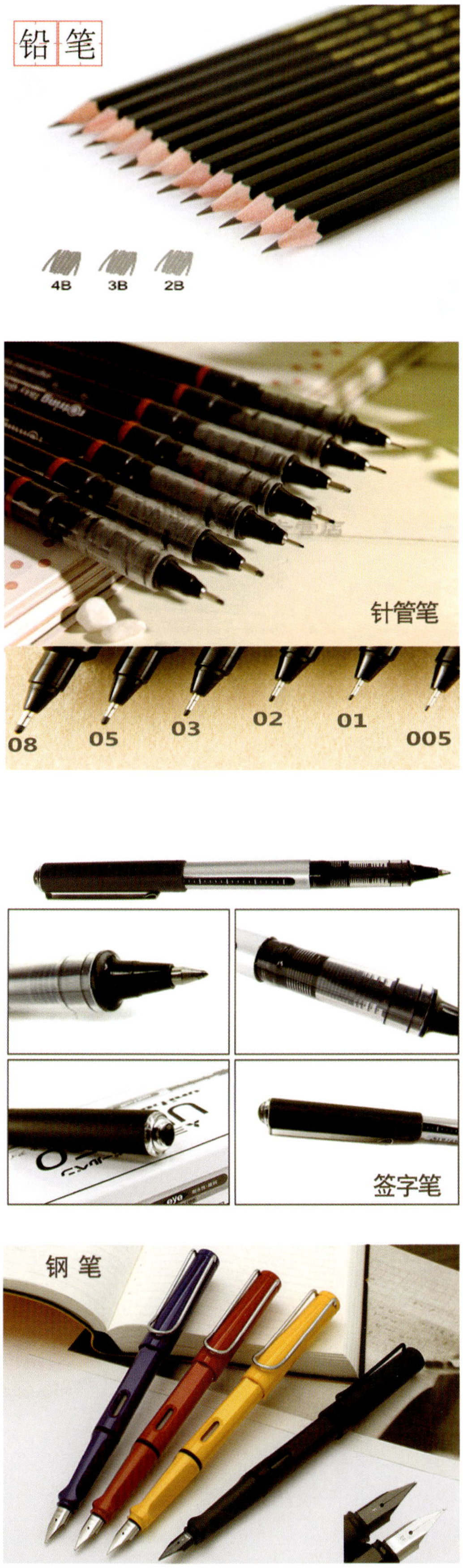

图2—1　铅笔、针管笔、签字笔、钢笔

4. 钢笔

钢笔笔尖粗细主要为EF、F型号，EF型实际书写粗细大致为0.38~0.5mm；F型实际书写粗细大致为0.5~0.7mm。画者开始可用针管笔先上手，熟练以后，可换钢笔练习各类不同线条笔锋。

二、马克笔（图2-2）

马克笔是室内手绘表现图中上色的主要工具，颜色鲜亮，溶剂多为水性与酒精性，酒精性比水性马克笔的颜色更稳定、笔头宽粗，马克笔成切角，易于掌握，可多次叠加而颜色不脏。

马克笔的优点在于快速表现，使用方便；缺点在于一旦下笔不易修改，颜色不易过渡得很细腻，不好完美地表现所有物体的材质，比如表现柔软材质、过渡灯光时，需要彩色铅笔配合表现。

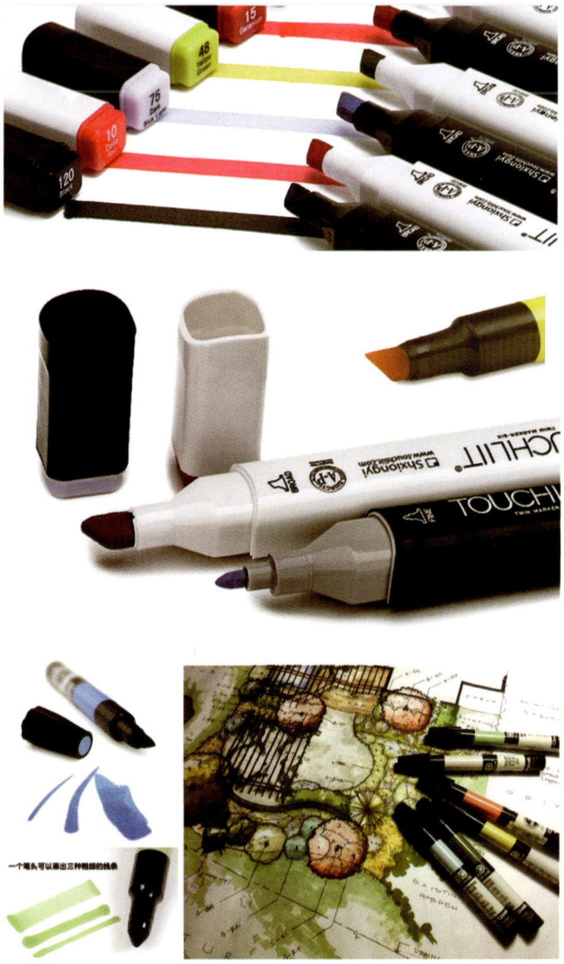

图2—2　马克笔

图2—3　彩色铅笔

三、彩色铅笔（图2-3）

彩铅是手绘表现图中常用的上色工具。最大的优点是在画面中细节的处理，比如灯光的过渡、材质的纹理表现等。彩铅笔触的方向要尽量保持一致。

四、色粉笔（图2-4、图2-5）

和一般粉笔比，色粉笔质地软硬适中，色粉细腻匀称，具有较高的耐光性和较强的稳定性的无机矿物质颜料。多与粗纸结合，适合薄施粉色，厚重涂抹容易脱落，画完必须用固定剂喷罩画面，以利于保存。

图2—4　色粉笔绘制效果

图2—5　色粉笔

第二节　室内环境表现图的材料

一、纸

1. 复印纸

纸质较薄，表面光滑，易渗透，价格经济实惠，可作为大量练习用纸。

2. 绘图纸

纸质比较厚，结实耐涂擦，表面比较光滑，常用于钢笔淡彩、马克笔及彩色铅笔作画。

3. 拷贝纸

此类纸为半透明，经常作拷贝、晒图用，适合用针管笔、马克笔、彩色铅笔表现，遇水收缩起皱。

4. 马克笔纸

大部分为进口，纸质厚实，光挺，易于表现马克笔的笔触，不渗透，价格较高。

5. 色卡纸

纸质为彩色，色彩丰富，手绘作图时可根据画面所表达的场景内容选择合适的颜色基调。

二、常用绘图辅助工具

常用辅助工具有丁字尺、三角尺、曲线板、蛇尺、各类模板等。

3 第三章　室内设计技法基础

本章主要学习室内设计技法基础，并另附部分室内表现图，供读者赏析，如图3－1至图3－13所示。

图3—1

图3—2

有屏风的玄关

这个玄关是否和一般的玄关很不一样呢？感觉上明亮、优雅、豪华。客户的要求以一张透明图就可表现得淋漓尽致。需要格式玄关的表现技巧，并抓住左右对称的特征。

图3—3

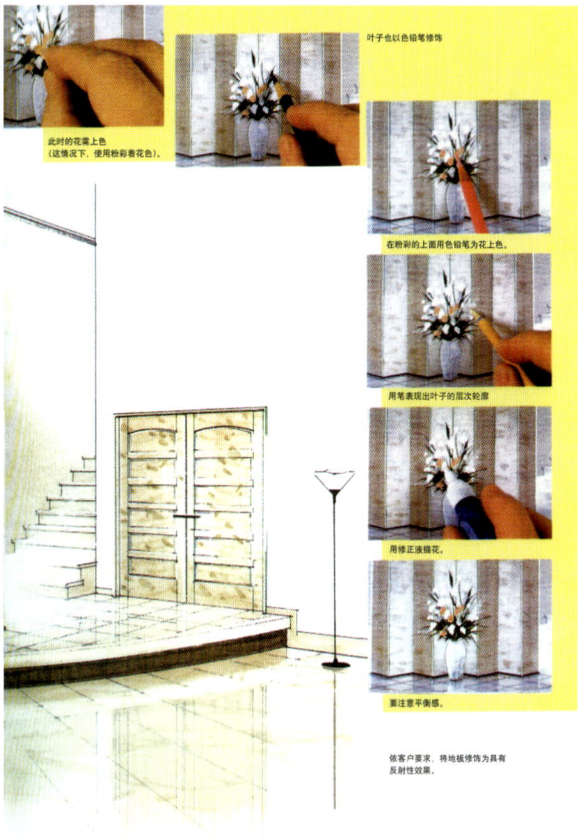

图3—4

一般的LDK与有厨房的LDK

这是传统和现代厨房实物感的比较。即使是构造相同的家，因LDK的生活价值观不同，两幅画的表现也不同。为了摸索出符合客户的要求，必须多画几张透视图。将一些能表现出生活感的小东西描绘出来，这是重点之一。

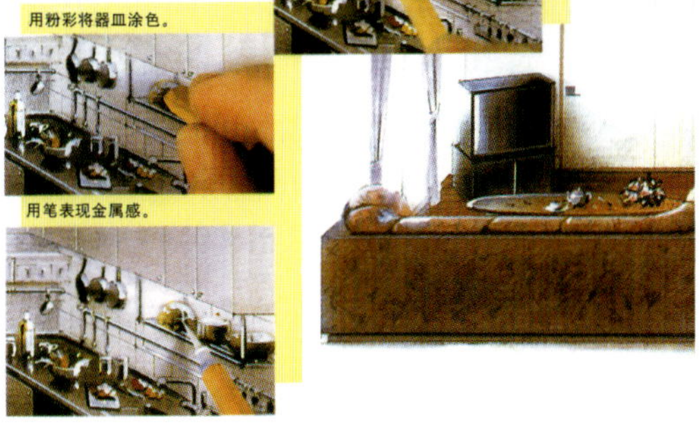

图3—5

有暖炉的客厅

要描绘出皮革沙发和钢琴似乎有点困难，或许可以参考钢琴商品目录吧！但如果画得太真实，透视图会显得太生涩僵硬，重点是注意整体感的调和。

麦克笔大胆地表现出蓝色调家具的木质纹路。

图3—6

图3—7

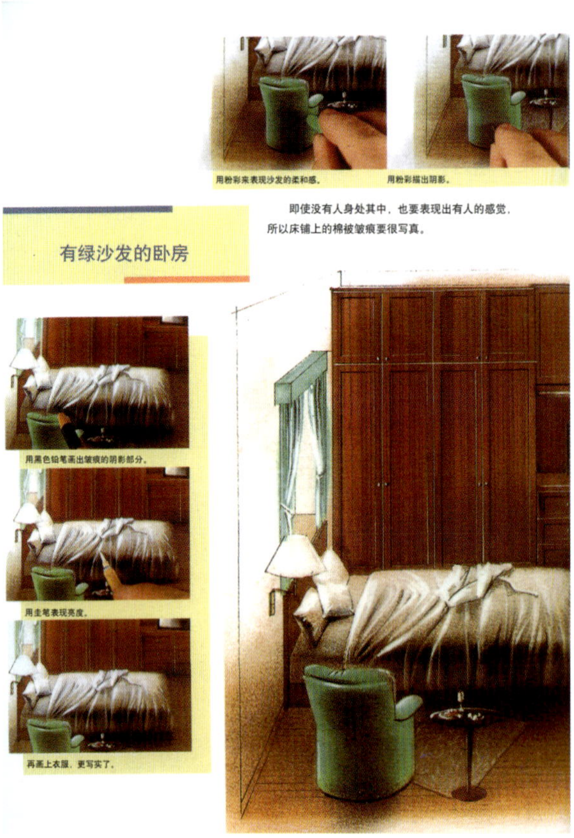

图3—8

图3—9

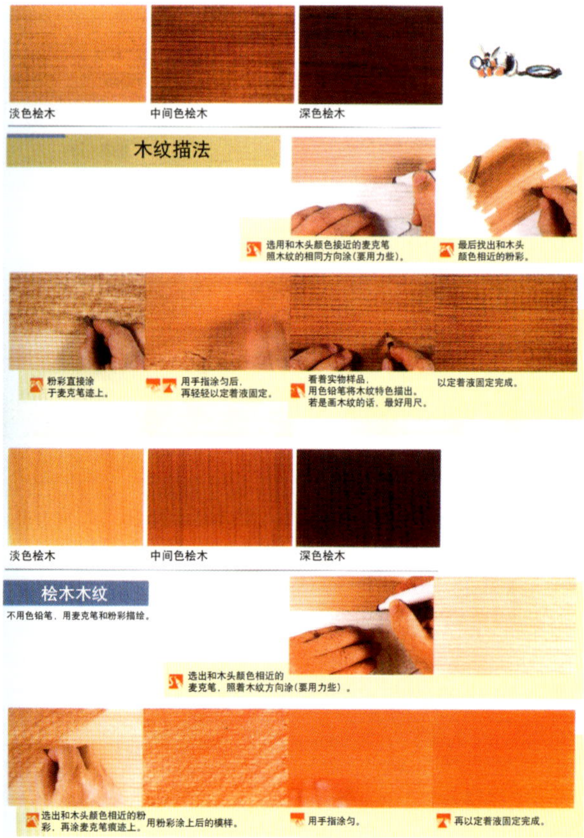

图3—10

花的画法

因画花方式的不同，空间乃呈现不同的华丽感。在最后的修饰过程中，一定要保持愉快的心情。

麦克笔底图

用近墨绿色麦克笔来表现叶子的颜色。

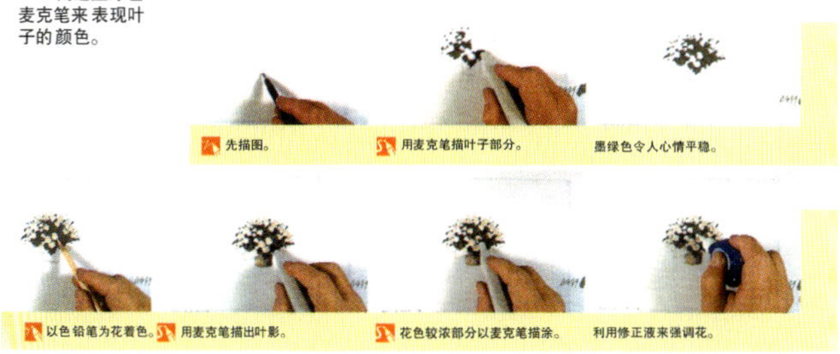

粉彩底图

图3—11

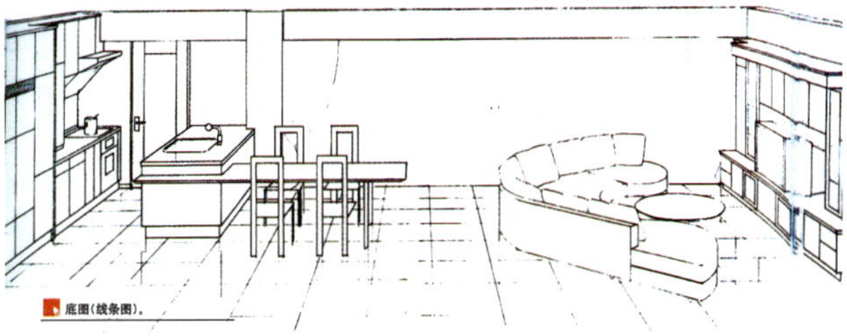

图3—12

本来的实景是有墙壁和房间，但因为它们会阻碍整体的视点，为了将整体景象清楚明了地表现，所以将墙壁和房间透明化。

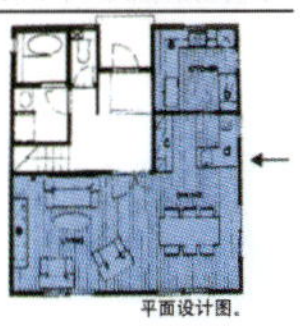

平面设计图。

图3—13

第一节 设计素描

素描是一切造型艺术共同的基本功，也是绘制室内表现图必不可少的基础。虽然室内表现图可以用透视的方法求出所需要的空间形体，但会直接影响到每一个绘图者的图面表现能力的还是素描基本功的好坏，一张室内表现图呈现的画面的构图形式、形体结构、比例位置、线条运动、明暗调子都能体现出绘制者素描功底的高低水平。

素描的绘制工具及其表现形式是多种多样的。凡是用单色线条和块面塑造的物体，都称其为素描。相对速写而言，素描一般绘制时间较长，表现较深入。一般多采取快慢结合、以快为主的训练作为设计表现的素描基本功训练方法，特别是重视线描速写。而且结构素描与透视制图相结合，它显得更适合于室内设计表现专业。

室内设计师绘制的结构素描练习不同于绘画艺术的习作素描，它侧重于对形体的空间结构的理解。在方法上结构素描练习从感性认识出发，重点还在于落实到理性方面的总结。在室内表现图中，虽然运用各种技法和绘画手段来表现对象，但作为素描基础则更注重于精练的概括和用线造型能力的要求。必须强化想象与记忆默写能力的训练，要表现看得见的一面，还要表现看不见的另一面；不但能对着对象写生，而且还可以凭记忆默画。我们理解形的根本意义是认识形象、塑造形象、用形象来说明设计。

形的构成关系是能认知的，对空间中的实形与虚形可以对其形状、尺度、方位及光影等诸多方面的构成因素进行分析、解剖与判定。

根据感知规律，人们对物象的感受是从表面的形状、色彩和光影开始的。结构素描写生要求画者在观察形体时忽略光影与色彩，从外形的轮廓入手，寻找影响外形变化的所有力点，寻找与外形的体、面有关的结构线，再以这些点、线为基准，按照透视变形规律，从内到外、从基面到空间、从模糊到清晰，校正原来的外部轮廓，在反复的观察、比较与分析中，逐步确立三维空间中的立体形态。

通过结构素描练习，解决以下几个方面的问题：

1. 造型

把握物体空间整体与局部之间的关系，准确概括地表现对象的体面空间关系。

2. 结构

准确概括地表现对象的体面关系，用线条强调对象整体与局部之间的比例关系。

3. 质感

表现各种不同材料质地的能力。

第二节 速 写

每一位室内设计师都渴望具有灵活的设计思路和快速的表现方法。在瞬息万变的信息化社会中，时间就是生命。高效率是当代每位室内设计师必须具备的素质，那么速写则是达成这一素质的基础。

（图3－14）

我们在速写训练的对象中最好先以建筑为首选（图3－15）。这是因为建筑的体量尺度大，透视线复杂，能锻炼我们高度的概括能力和敏锐的空间尺度感觉。画好了建筑，再画室内及其陈设物，就会相对更加容易。（图3－16）

我们要训练手脑有机配合的快速造型能力，用速写的方法大量临摹书刊、照片、幻灯资料，既能储存大量的形象信息，又可以开阔思路，为绘制快速的室内表现图打下坚实的基础。（图3－17至图3－23）

图3—14

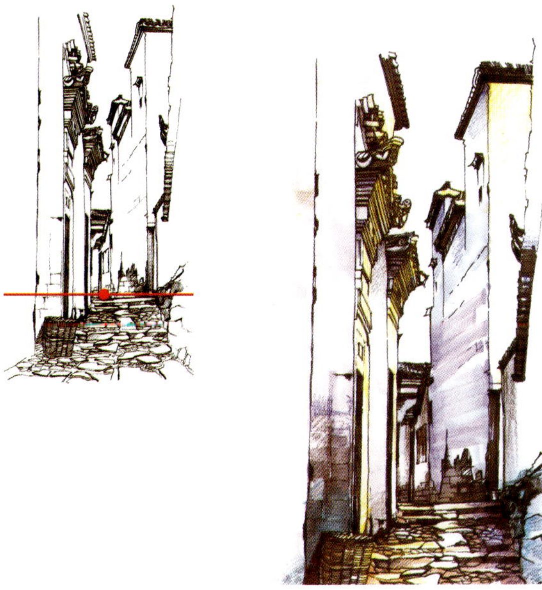

图3—15

图3—17

图3—16

图3—18

图3—19

图3—22

图3—20

图3—23

图3—21

图3—24

图3—25

速写就是一种工具技能的训练。就像骑自行车从理论上讲掌握平衡是其关键，但知道这个道理并不意味着会骑车。我们不是只懂得工具的原理，而要的是掌握工具。俗话说“熟能生巧”，用来形容速写练习是再贴切不过了。

画速写的目标就是运笔如行云流水，表现能随心所欲。

能用来画速写的工具很多，可以根据需要和爱好任意选用。但对于室内设计师来讲，推荐用钢笔画速写。因为钢笔不能随意擦去涂改，将迫使练习者锻炼一次成形的硬功夫。刚开始画时也许不成样子，但随着时间的推移，数量的增多，心得的积累，就会逐渐进入良好的境界。（图3－24至图3－31）

画速写时需要注意的三个问题：

1. 透视

下笔心中有透视，找准视平线、灭点，辅助引线。

2. 构图

胸有成竹，虚实黑白布局得当，意在笔先。

3. 取舍

抓结构主线，舍弃不必要的局部细节，抓整体感觉。

图3—26

图3—27

图3—28

图3—29

图3—30

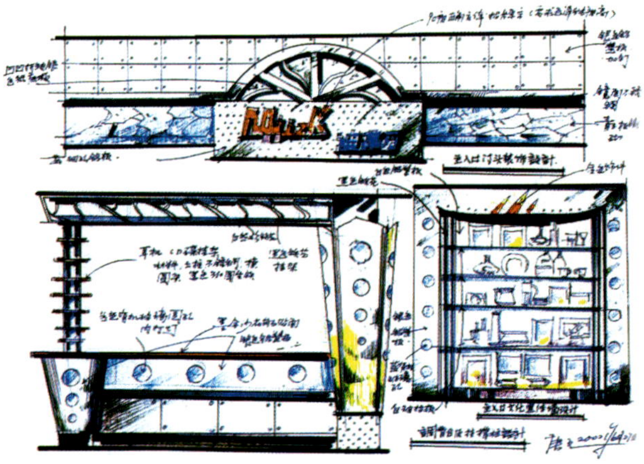

图3—31

第三节　色　彩

色彩的感觉是最具大众化的普遍美感形式。颜色总是第一位被感知到的，在一张室内表现图的呈现上，一张室内表现图的成败，在很大程度上取决于色彩。因此，对绘图者来讲十分重要的就是如何提高色彩的修养。（图3－32至图3－41）

图3—32

图3—33

图3—34

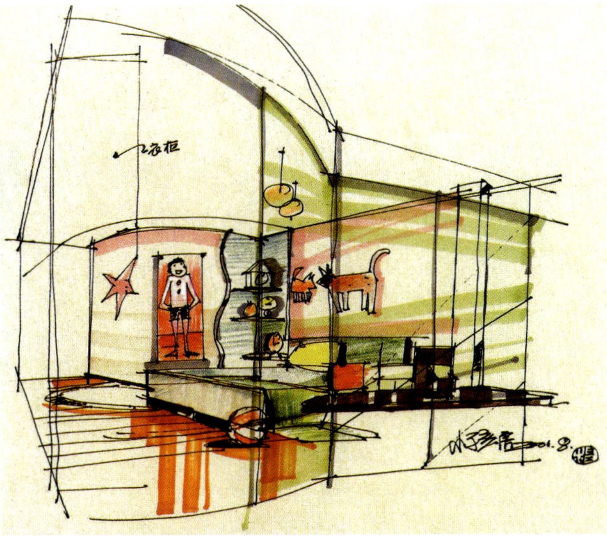

图3—35

图3—36

图3—37

图3—38

图3—40

图3—39

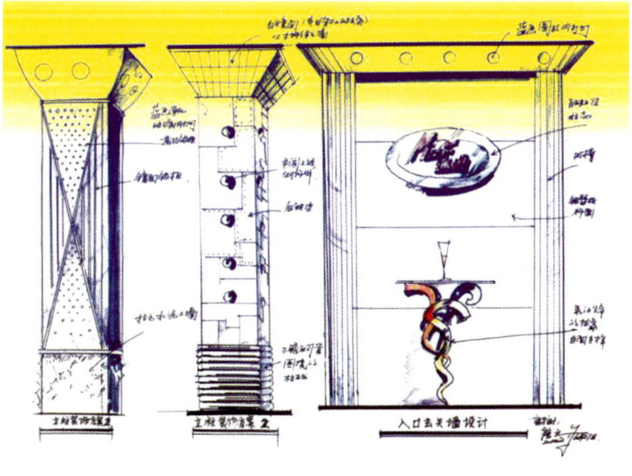

图3—41

一、色彩感觉的培养

对色彩内在规律的认识实际上就是色彩感觉。绘制者本人掌握的色彩调配技能就是这种认识通过理解后的手脑配合再现于图面的。色彩调配的技能就建立在色彩感觉的培养基础上。

人们的色彩感觉包括先天培养和后天培养两个方面。后天的色彩感觉培养是我们这里所主要强调的。主要是通过图面色彩绘制的手段来达到这种培养目的。有两种办法能达到图面色彩绘制训练的目的：一是以感性认识为主的绘画色彩写生，二是以理性分析为主的设计色彩构成，两者互为补充，相辅相成。通过以上两种方法的大量作业练习，会使画者在原有色彩感觉的基础上有很大的提高。

二、感性的色彩训练方法

写生　色彩训练最直接的方法是对照实物、实景，通过头脑分析色彩的构成与搭配来通过手再现于纸面的写生。

临摹　通过对优良的绘画、摄影作品的临摹，可以从别人作品现成的经验中得到直接的启示。临摹要通过自己头脑的分析，不宜一味地比着葫芦画葫芦。

默写　色彩训练中最见效果的一种方法是默写，默写通过没有参照物，凭借已经掌握的色彩配方，再现看到过的色彩场景。生活中包括电影电视画面、外出游历的感受都可以凭记忆默写。

归纳　归纳是一种高度概括的色彩训练方法，对透视效果图的练习具有最直接的效益，它就是在复杂纷繁的写生、临摹和默写作品中，选取最具代表性的几组色，进行再创作的整理归纳。

三、色彩写生绘画练习

取得丰富敏锐色彩感觉的一种手段就是色彩写生，一般多使用水彩或水粉作为工具，对象以静物和风景为主。色彩的质感与细部表现和色彩的气氛与意境表现分别为静物写生和风景写生的侧重点。

具备绘画色彩写生的一般方法和技法，而且在写生的基础上，进行色彩的临摹、记忆默写和整理归纳，以此加深对色彩的理解是室内设计师的色彩写生训练必需的要求。

头脑中主观的色感概念越丰富对于绘制室内表现图来讲越好。要积累尽可能多的色彩配方，达到呼之欲出、运用自如的境地。

色彩写生的两个重点：

（1）掌握对比色的绘画调色方法；

（2）各种色相、明度、倾向的色调表现方法。

记忆默写（水粉）：记忆默写可在现场先用铅笔勾画简单的轮廓，并记下主要的色调倾向，回来记忆默写的画，画幅不宜过大，一般不超过64开纸。

四、色彩构成的方法

设计色彩的构成练习，是运用逻辑性的思维方法，对色彩的基本要素，进行合理的选择与组织，进而构成比较理想的色彩搭配。

明度、色相和纯度是色彩的基本要素；位置、肌理、面积、形状是色彩的形象要素；朴素、华丽、冷暖、轻重、远近、厚薄、沉静、兴奋的色彩感受通过人的知觉、记忆、联想与感情，产生特定的心理作用，成为色彩的心理要素。用图面绘制的方法，将以上要素进行推移、渐变、对比、叠置、混合、色差、聚散的构成练习，就能够从理性上明确地认识色彩搭配的基本规律，进而掌握调色的基本方法。

第四节　透　视

绘制室内表现图，第一要考虑用画几何的方法，求出所要表现的准确空间透视（图3－42至图3－56）。透视的种类与作图方法很多，适合于表现室内的有以下几种：

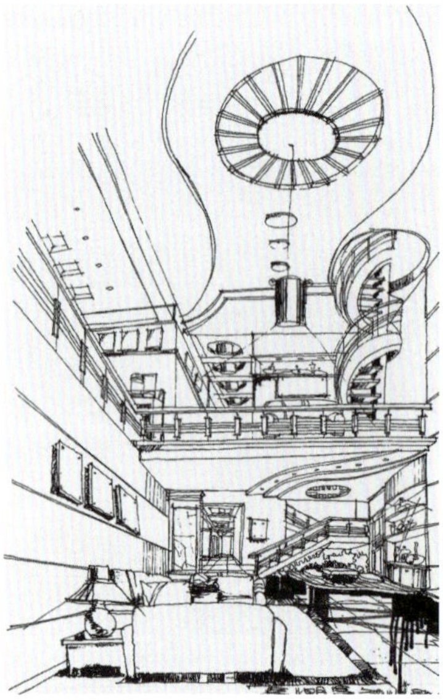

图3—42

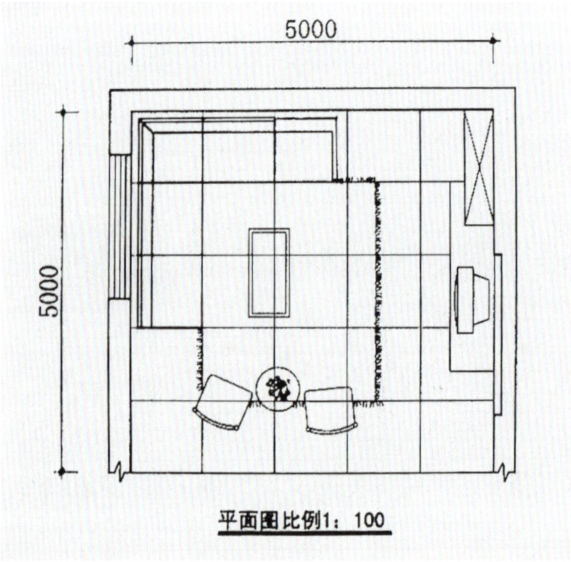

图3—43

图3—44

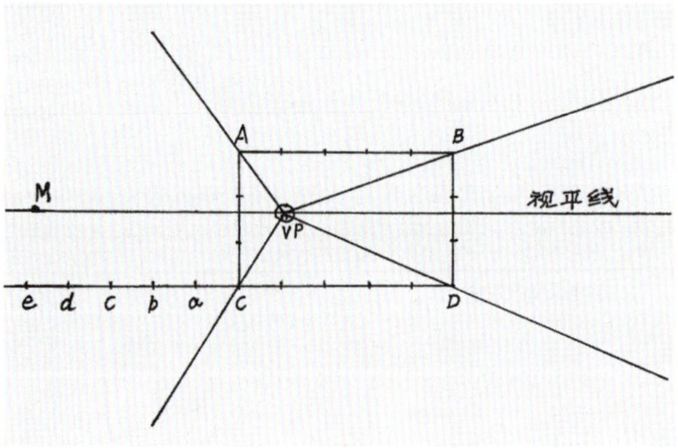

图3—45

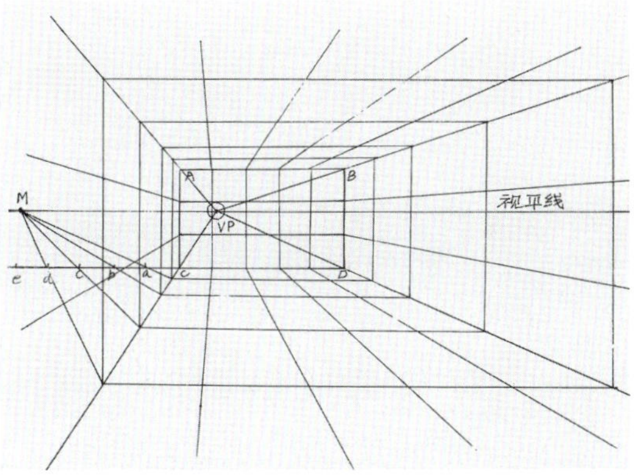

图3-46

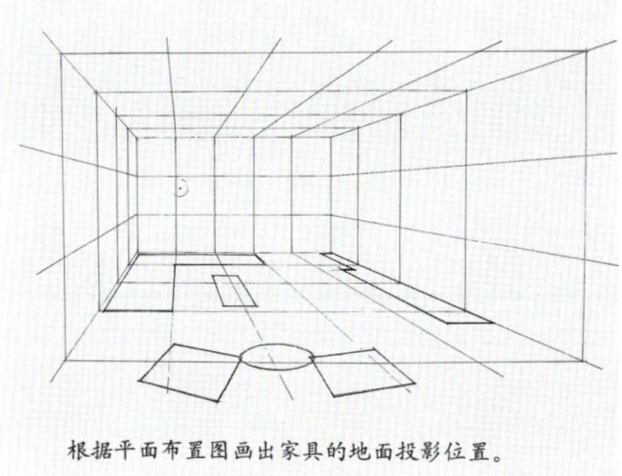

图3-47

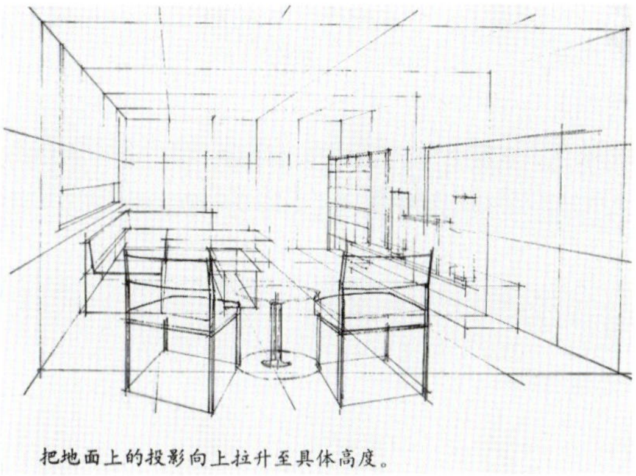

图3-48

图3-49

一点透视：也叫平行透视。这种透视表现范围广，纵深感强，适合表现庄重、稳定、宁静氛围的室内空间。不足之处是比较呆板，与真实效果有一定差距。

两点透视：也叫成角透视。这种透视图面效果比较活泼生动，自然和谐，反映空间比较接近于人的真实感觉，不足之处是角度选择不好容易产生变形。

俯视图：是一种将视点提高的绘图方法，能表现比较大的室内空间群体。也可以采用一点、两点、三点透视作图。

轴测图：这种方法可以再现空间的真实尺度并可在画面上直接度量。但是与人眼看到的实际情况不符合。严格地讲，这种画法不属于透视的范畴。

以上的透视作图法，每一种都有很多的画法，或困难或容易，或简单或烦琐，作为实用，只要掌握最基本的就可以了。如果想在这方面作深入研究，可查阅相关的书籍。

图3-50

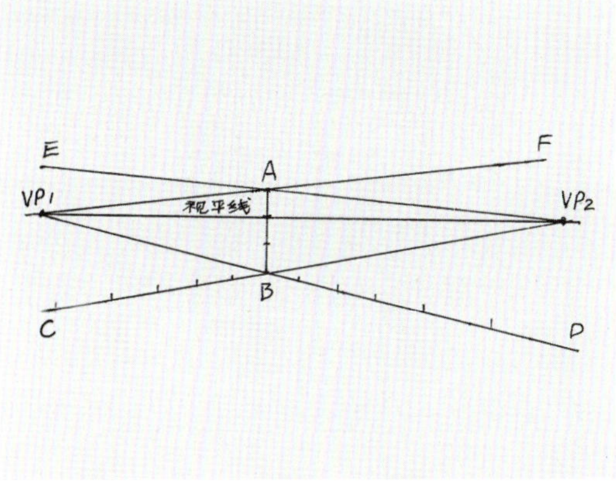

图3-51

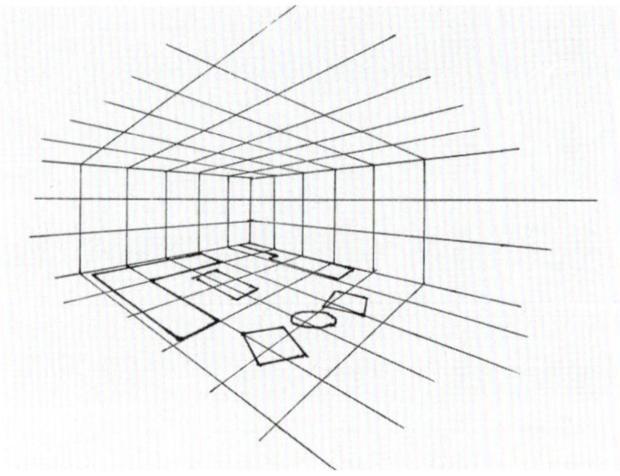

图3-52

图3-53

图3-54

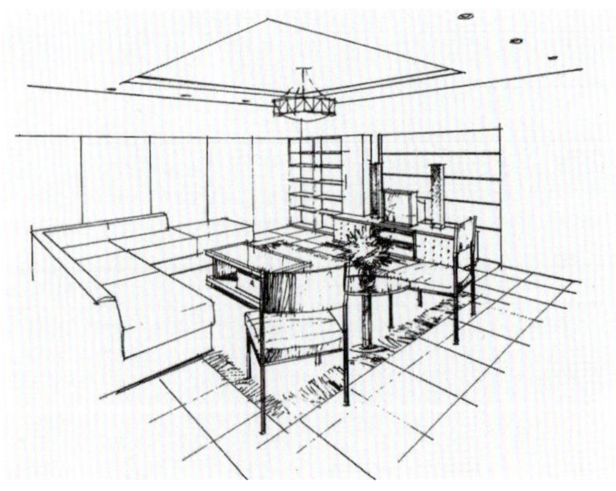

图3-55

图3-56

透视作图法学起来比较容易。但若长期不用，也容易忘记。若想在头脑中留下深刻印象，达到永不磨灭的境地，需要经常地反复练习，这样使用起来就会得心应手，不必多次绘图都要查书求证。

一、一点透视

最简单的一点透视法是量线法。这种画法可以一边探讨室内透视图的大小，假定室内的进深，一边作图。

量线法作图可以任意确定的要素有：

1. 作图的比例；
2. 室内墙面的大小和位置；
3. 视点CV的位置与高度；
4. 点VP的位置。

作图步骤：

准备：

1. 由点CV过a、b、c、d作延长线。(图3-57)

2. 由点CV向右方过d’作水平线。在延长线上任意确定点VP（点d’~VP的间隔，表示离开内墙的视距)。(图3-58)

3. 在ad的延长线上，按同尺寸作点d_1~d_4(室内进深尺寸的量点)。(图3-59)

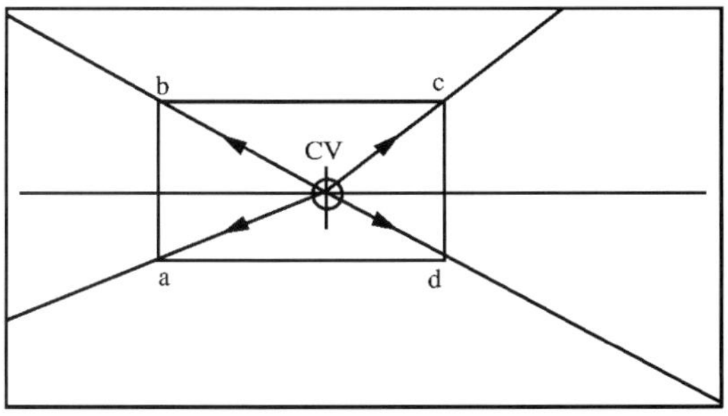

图3-57

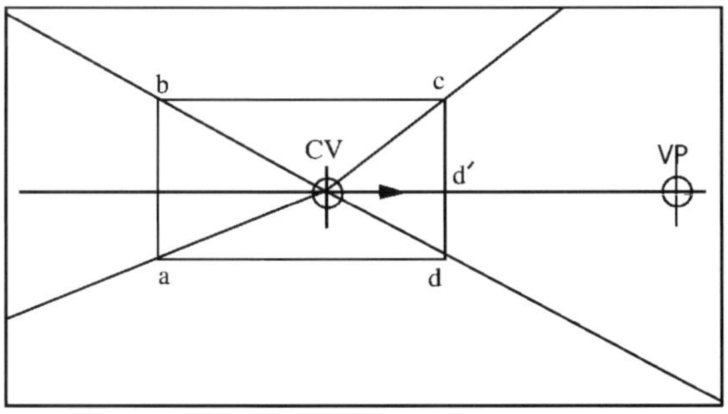

图3-58

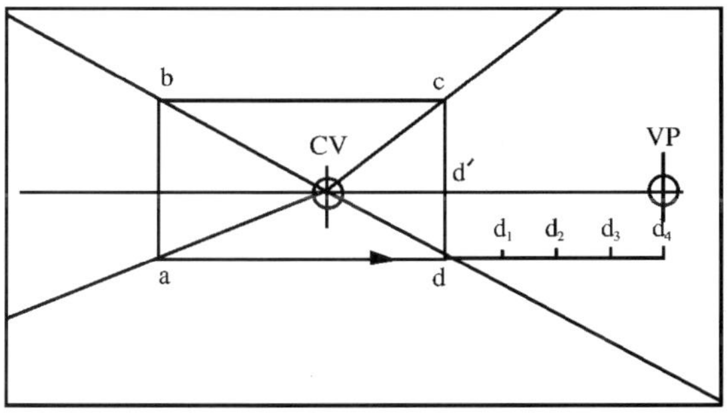

图3-59

求开间尺寸：

1. 在线ad上，按所定比例，求出点a_1~a_4并与点CV连接。（图3-60）

2. 顶棚也按同样步骤作图。

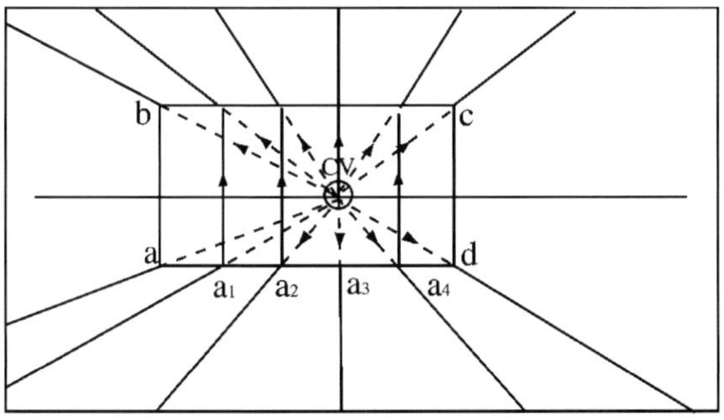

图3-60

求进深尺寸：

1. 把点VP与d_1~d_4连接，在延长线上求出各交点。（图3-61）

2. 过交点的水平线和垂直线，成为室内透视图的基准线。

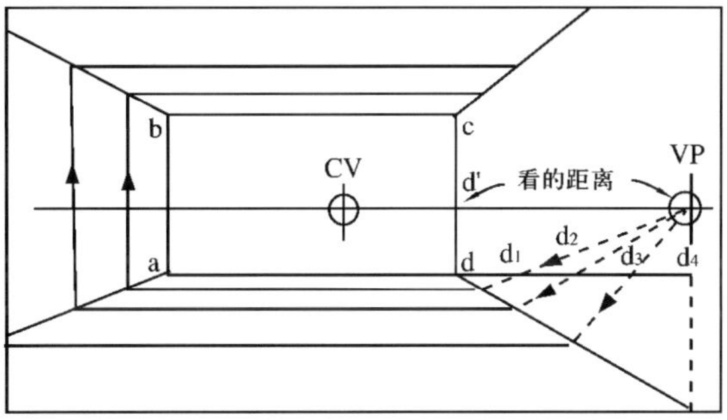

图3-61

求高度尺寸：

所有高度的实际长度都在线a~b的垂直求得完成的室内透视图。（图3-62）

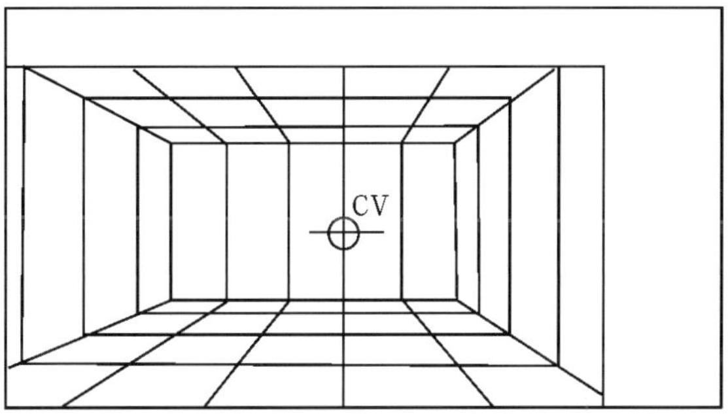

图3-62

二、两点透视

根据平面图的布置方向，可以变换室内透视图视角方位的画图方法，是两点透视中的足尺法。这种画法通过在线PP上画出的基本平面图，根据设计表现的需要改变不同的角度，从而探讨室内透视图的最佳视角位置，然后求出准确的透视。

足尺法作图可以任意确定的要素有：

1. 室内透视的视线角度；

2. 线PP的位置以及与基本平面图相接的角度；

3. 线FL的位置；

4. 线HL的位置；

5. 点SP的位置（只能定在线FL的下方）。

作图步骤：

1. 确定线PP上的平面图比例，比例尺寸直接影响透视图的大小（一般采用1/20~1/50）。

2. 确定视线高度（一般为750~1500mm）。

求灭点：

1. 由点SP作平行于平面图墙面的线，在线PP上求得交点P_1、P_2。

2. 由交点P_1、P_2向下作垂线，在线HL上求得交点VP_1、VP_2。（图3-63）

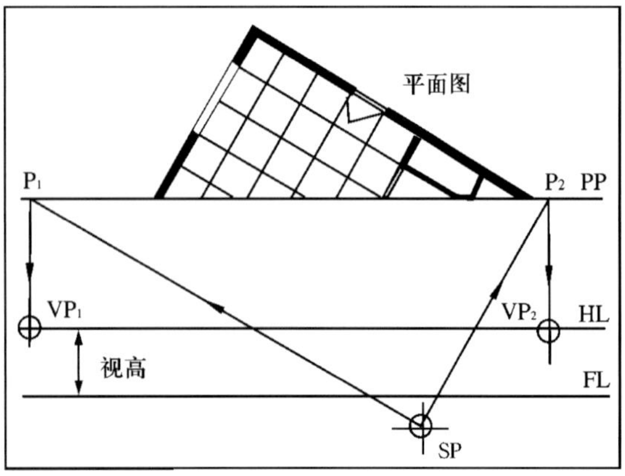

图3-63

求高度尺寸：

由与线PP直接相接的点向下作垂线，在点a、b上面作图。

求开间与进深尺寸：

1. 求出的m与SP连接。求得在线PP上的交点m'。

2. 由点m' 向下作垂直线。（图3-64、图3-65）

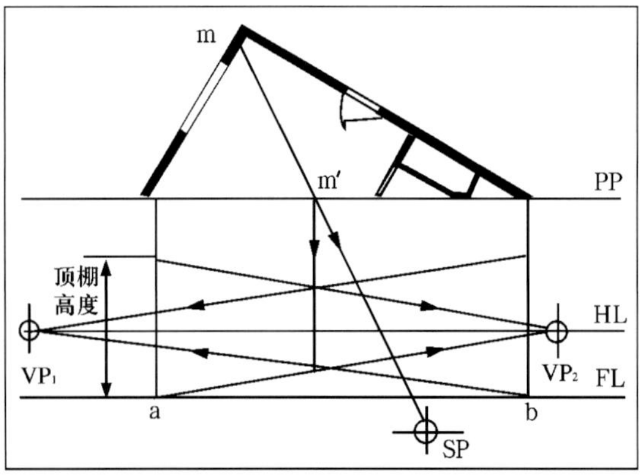

图3-64

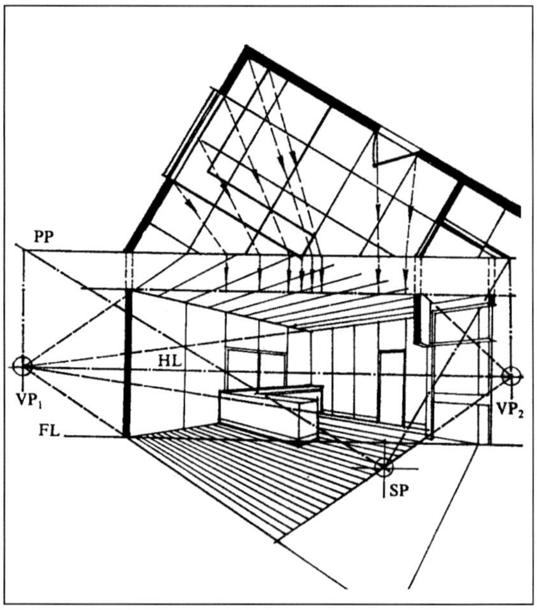

图3-65

三、俯视图

俯视图可以用一点、两点及三点透视的方法作图，这里介绍的是一点透视的足尺法。这种画法从上向下俯视，能简明地表达室内的整体性，通过改变比例，还可以任意表达室内透视图的大小。

一点足尺法可任意确定的要素有：

1. 平、立面图的比例（根据图纸大小）；

2. 在立面图上，画面线PP的位置（表示室内断面的高度）；

3. 平面图中心点CV的位置；

4. 视点E的位置（在心点CV的垂直线上方）。

作画步骤：

准备：

1. 在所用图纸上方画平面图（比例为1/20~1/50）。

2. 在所用图纸下方画立面图（同一比例）。

3. 任意确定室内断面高度，作线PP（h一般定为1800~2000mm）。

4. 根据设计表现的意图，在室内的任意位置，确定心点CV。

5. 在心点CV垂直线上的任意位置，确定点E。

作图（图3-66至图3-69）：

1. 把立面图上的各点与点E连接，求出在线PP上的交点。

2. 平面图上各个点与心点CV连接。

3. 由线PP上的各个点向上作垂线，求出其交点。

4. 连接各个交点，即可求出所需的作图（与地面、墙面的连接线）。

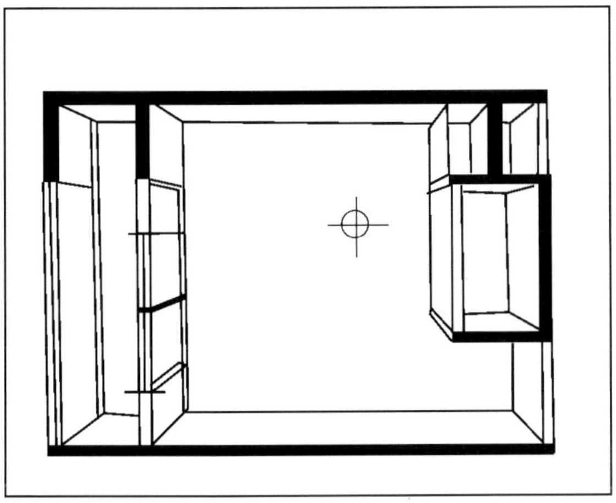

图3-66

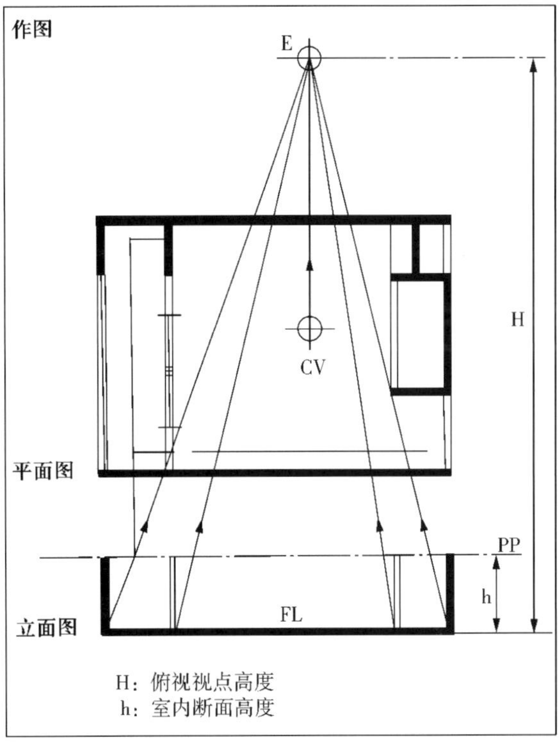

图3-68

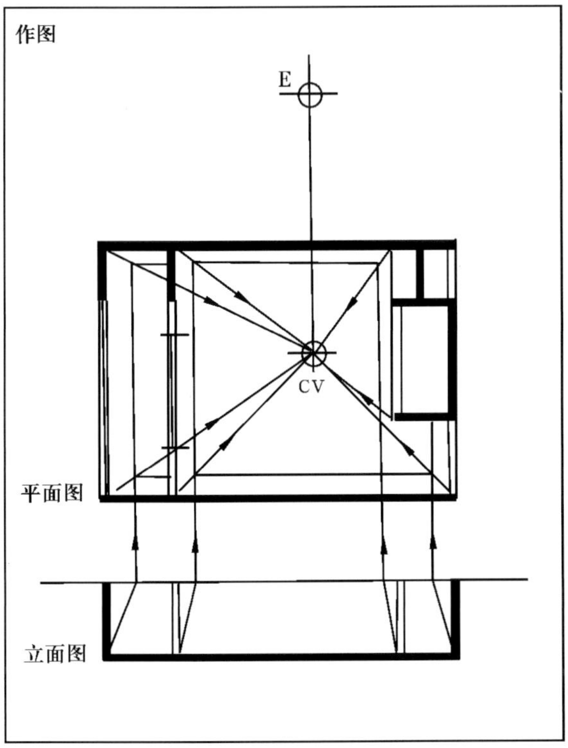

图3-67

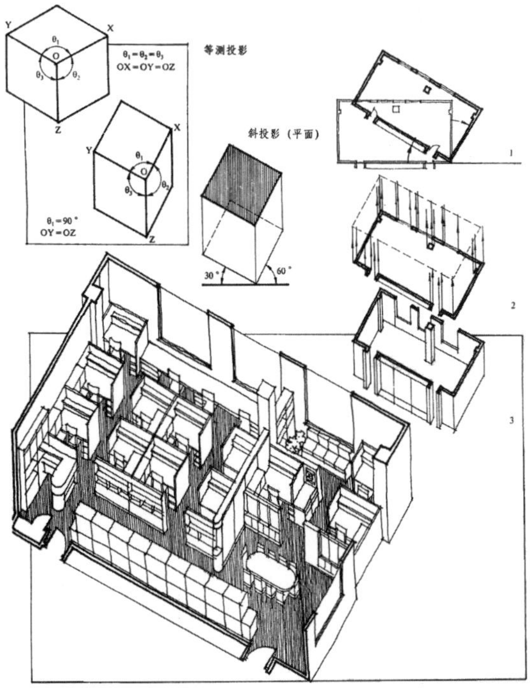

图3-69

四、轴测图

轴测图的作图较简单，它实际上是将平面图在水平线上扭转到一定的角度后，把图上的各点按同一比例尺寸，向上作设计高度的垂直线，然后连接垂直线上端的各点，即可求出所需的作图。(图3-70)

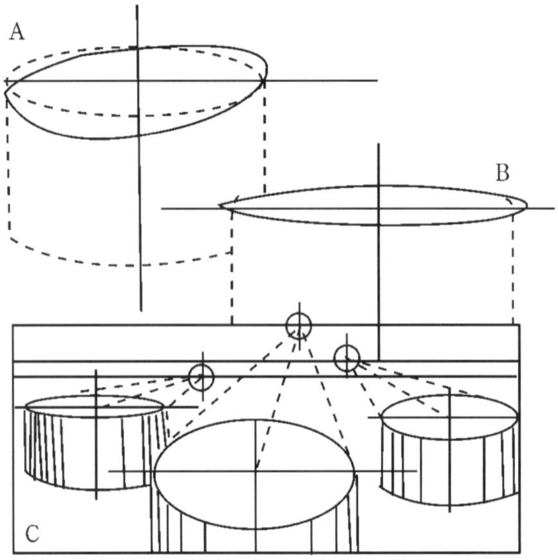

图3-70

五、徒手绘制透视

用绘画的方法徒手绘制透视，是一种简便、快捷的方法。但这种方法要求制图者具有较高的绘画水平，对尺度有相当敏锐的感觉。

徒手绘制透视一般应按下列程序进行（图3-71）：

1. 确定透视的种类与角度，一点、两点，还是其他。

2. 在画面上定出基线GL，视平线EL以及心点CV。

3. 以轻笔触徒手勾勒大体的室内空间构架。

4. 由近至远地用粗线条描绘每一件物体，直至完成。

5. 用拷贝纸过稿，去除不必要的杂乱线条。

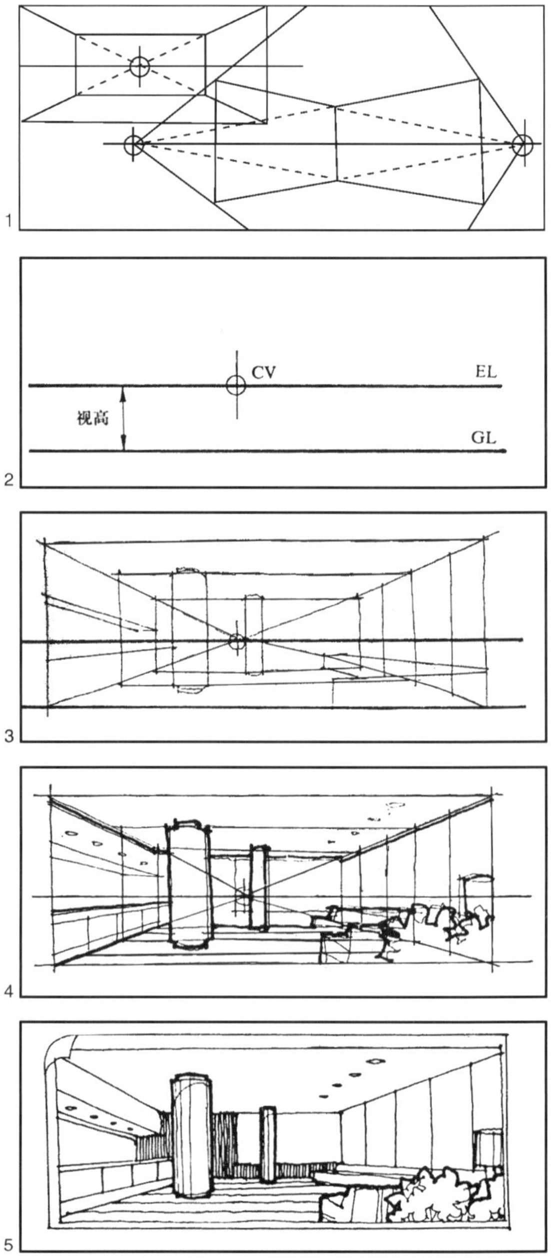

图3-71

4

第四章　室内设计表现技法

学习和掌握前面所提及的基本知识后，我们现在正式地进入室内设计技法的表现阶段。室内设计表现图是建筑师和室内设计师表达设计方案和理念的重要技法。随着现代建筑业和室内装饰业的不断发展，室内设计表现图的作用日显重要。

室内表现技法有很多种，按性质分，有两大类：一是手绘类；二是数码类。手绘类作为设计专业的学生或设计师的基本功，应该牢牢地掌握住。在学习的过程中，希望同学们能根据自己的能力和喜好选择合适的技法。

作为一名建筑师、室内设计师、景观园林师或工造设计师都必须掌握设计的表现技法，其中以手绘快速表现技法最为重要。作为设计师首先你可以通过快速表现来及时准确地记录瞬间的灵感火花和思维创作，并且可以通过生动、形象的快速表现图来整理自己的思想。另外，设计师也可以通过其手法快速地向他人表达和说明空间的布置和色彩。

手绘表现技法还体现了一个设计师的艺术素养和设计理念，所以学会和掌握手绘的表现技法是非常有必要的。

数码类的表现一般是使用电脑软件对空间进行建模、渲染和处理的表现图技法。电脑表现图的确比手绘表现图的效果真实、省时、方便，可以说是未来设计的主要表现手法，但还不是重要手法。

第一节　线描表现技法

线描类技法的工具有很多种，包括铅笔、钢笔、针管笔等硬质笔，以及三角尺、直尺、曲线板等辅助工具。由于工具的不同，线条也各具特色：铅笔的线有虚实、深浅的变化；钢笔的线描虚实、粗细、深浅、浓淡变化的效果就不及铅笔的表现轻松、多变。总之，线描表现技法的线条还是以理性的结构线为主。(图4－1，图4－2)

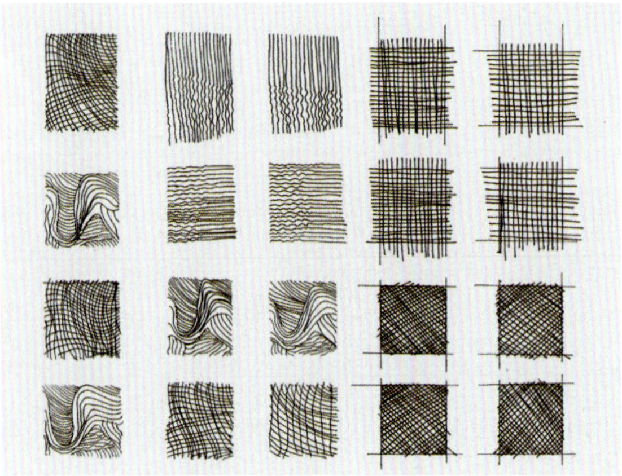

图4—1

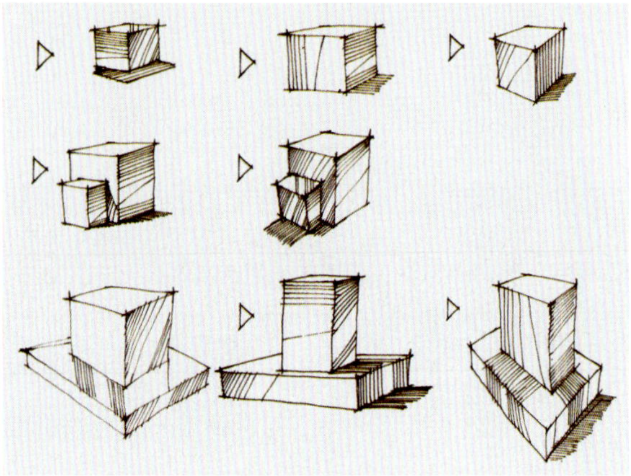

图4—2

一般我们把线描技法分为工具线和徒手线两种。工具线就是利用辅助工具严谨、规则、准确地捕捉空间透视、比例、结构等。徒手线依赖绘图者严谨的空间透视能力和熟练的手头描绘能力。徒手线表现因为快速、随意，不像工具线那样平滑、工整、硬朗，基本上在线的表现上有些抖动，所以，表现效果就显得比较生动，而又不失透视规律。徒手线描表现可以把握设计师瞬间的设计构思，并且把设计理念的变化随时表现其中。我们在练习徒手线的时候，应该随心所欲、无所顾忌，使线条在自己的手上轻松地出现。芬兰现代主义设计大师阿尔瓦·阿图在设计的时候从不用丁字尺，他利用徒手画起草设计。他认为用尺子会约束他的思想以及在形式表达上的流畅。(图4－3至图4－7)

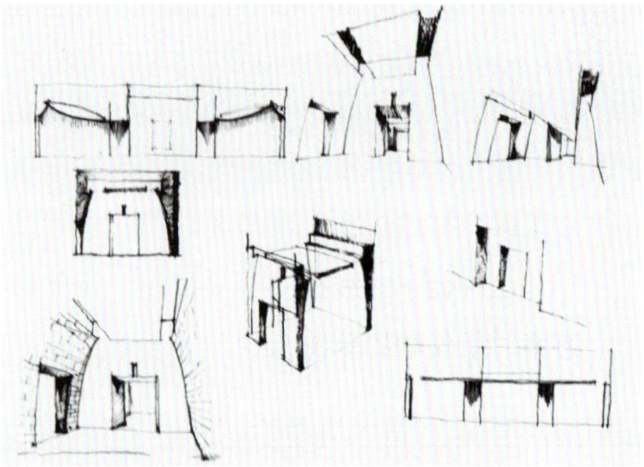

图4—3

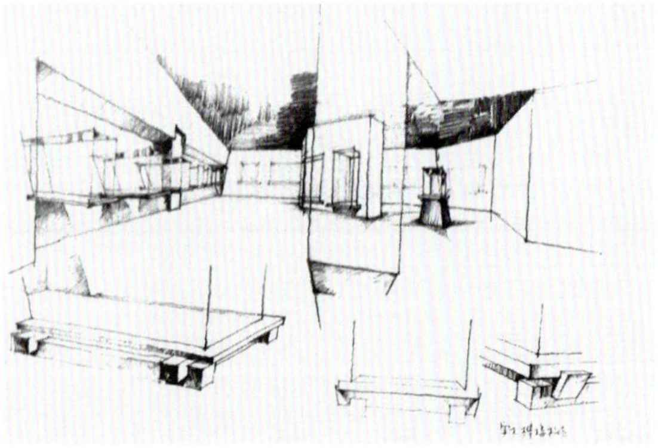

图4—5

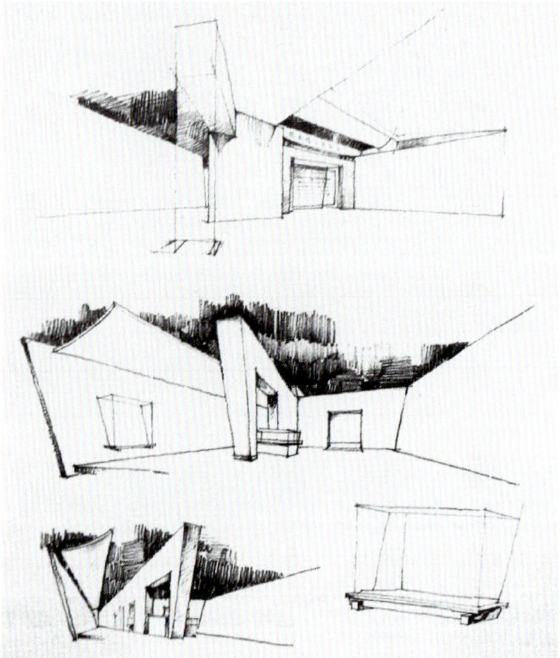

图4—4

图4—6

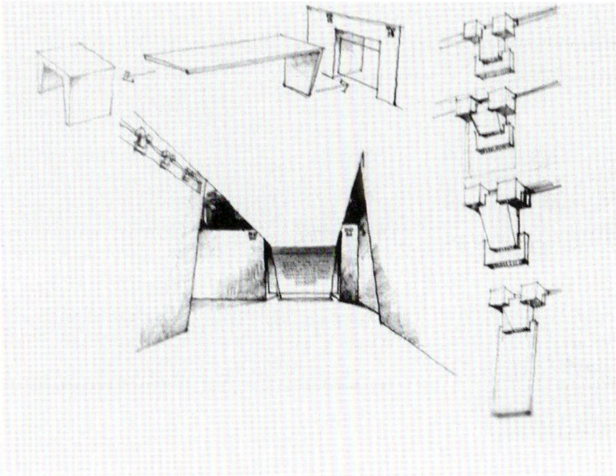

图4—7

图4—8

图4—9

有的同学可能感觉到，线描表现技法和速写很相似，尤其是徒手表现，其实是有区别的。速写是比较感性地表现所见所感，是非常生动的形象表现，在表现的过程中，还可能加上夸张、变形、整合，会投入很多情感在里面，有很浓的艺术表现意味。而徒手线描则较理性，注重于准确地交代空间中每个物体的形状和透视。当然，一张优秀的徒手线描表现图也是有很高的艺术表现价值的。（图4－8至图4－10）

这种徒手的线描稿也可以说是设计师在做方案时所勾勒的草图，这种草图虽然从图面上感觉很乱、很随意，但它却清晰地记录了设计师在设计方案时的灵感与思路，它会把设计思维的每一点都连起来，最终形成完整的设计图。（图4－11）

由于手绘技法很方便、随意，灵活性很大，所以，当我们利用手绘工具表达建筑室内外设计的构思时，或对建筑场景进行刻画时，都要尽可能地表现出建筑的空间感，很好地表现空间的深度、广度，或者是设计的空间给人的感觉，是我们最终要表达的目的。

这就需要我们加强构图方面的训练。

图4—10

在落幅之前，我们对空间应该有个构图的思考和安排，中国画论称之为经营位置。构图的协调和均衡就相当于杠杆原理一样，无论两头的东西体积有多大，都要保持平衡。平衡并不是平均，图面的主题部分是我们要重点描绘的，对空间的其他物体要进行组织、提炼、取舍。（图4－12）

从范图上我们可以看出，对室内空间进行勾勒时，不仅仅是要表现出空间及家具的形，还要表现它们的面和体。这就需要我们加上光影效果，表现出空间及物体的明暗面及投影。这里需要注意的是，我们在表现物体的暗面和投影时，要注意光的科学性，最起码物体的受光性质要保持一致，以达到合理性。（图4－13、图4－14）

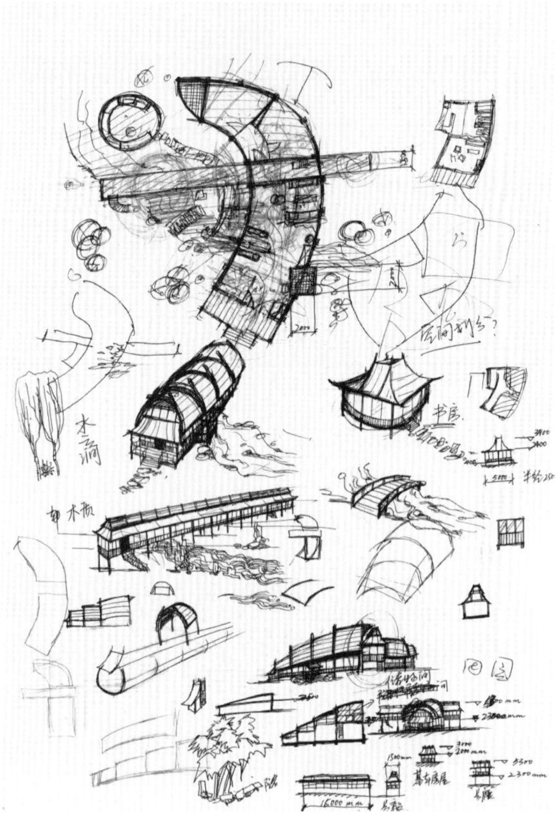

图4—11

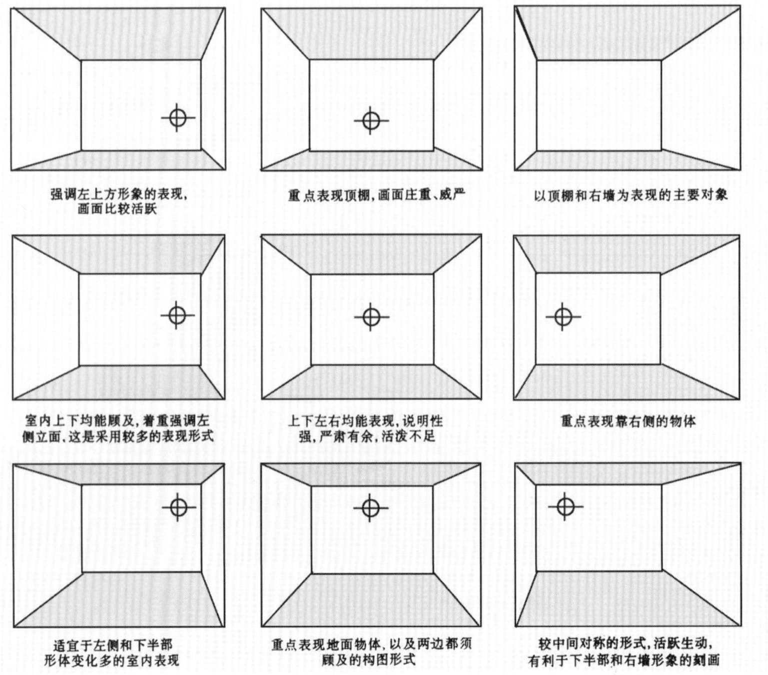

图4—12

图4—13

图4—14

在线描表现时应注意以下几点：

1. 用线的自如性和线条的张力

尤其是徒手线，用线要连贯、肯定、灵活且富有变化；忌断、散、呆板和生硬。

2. 要有准确的透视理念

对整个画面的透视的感觉在脑子里要有概念，要掌握空间透视的基本原理，这样画面表现，才有生命，才有主题。

3. 线描画中要表现好明暗和光影

线描技法塑造的就是空间的结构，空间物体的明暗和光影表现充分，才能增加画面中空间的力量和层次感。

所以，在前面所介绍的速写训练是很重要的，迅速地把握物体的造型是我们设计专业同学的必备能力。当我们对建筑空间的线描表现已得心应手时，对后面诸类技法的学习就会显得游刃有余。

第二节 彩色铅笔表现技法

彩色铅笔是在线描表现图的基础上进行上色的，为的是使人们更直观地了解到室内空间的色调、材质。

一般市面上有硬质彩铅和软质彩铅（水溶性彩铅）两种。硬质彩铅比较适合画线条及构线。软制彩铅则利用它的特殊性，可以溶水进行渲染，且容易上色，其效果较硬质，比不可溶水的彩铅效果好。

彩色铅笔的特性和铅笔相当，表现的效果、笔触有着铅笔的优点，可以依据对象的形状、质地等特征有规律地组织、排列彩色铅笔的线条，而且在明暗、虚实变化的表现上很方便，也很容易掌握。可以说是手绘表现图中，最易上手的上色工具。(图4－15)

有的同学在用彩铅上色的时候很喜欢涂得实实在在的，都不透气。这是要注意的地方。其实，彩铅和我们画素描的时候是一样的，要有虚实变化，甚至不同的笔触都会产生不同的效果。(图4－16)

彩铅始终都是一种上色性的工具，我们一般都不提倡涂满，随意地表示一下，使物体的材质、颜色表现出来即可。(图4－17)

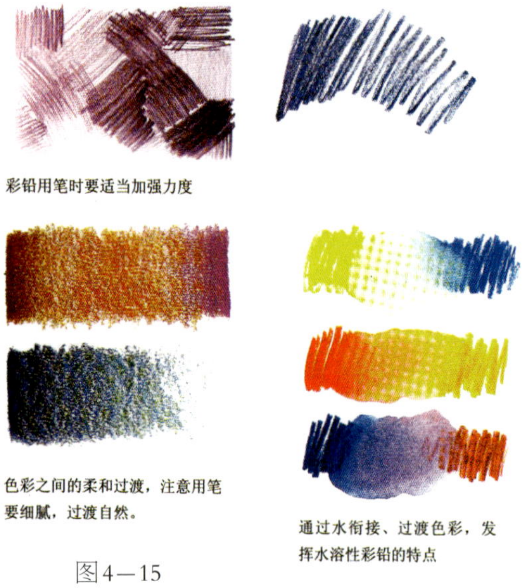

图4—15

图4—16

图4—17

第三节　马克笔表现技法

马克笔是一种用途广泛的工具，它的优越性在于成图迅速、着色简捷、画风潇洒。它成为室内装饰设计、建筑设计、服装设计、舞台设计等表现技法的必备工具之一。马克笔种类很多，在此介绍两种常用的。

1. 水性

水性马克笔溶于水，且无浸透性，表现的效果和水彩表现相当。其笔头的形状有方头、尖头、四方宽头。其效果根据画面的需要选择不同类型的笔头进行刻画。

2. 油性

油性马克笔和水性马克笔相比则反之，其不溶于水，发挥比较快，并可浸透纸张。因为它不溶于水，所以可以和其他水性的画笔搭配使用。如水性马克笔、水溶性彩铅。

马克笔的上色和彩铅一样，都是在钢笔线描的基础上进行刻画的。上色时手要放松，撒得开，敢于表现，这样画出的表现图才大气，有张力。

马克笔是可以叠加表现的，同色之间效果更好。但过多叠加也会使画面变脏，要特别注意。浅色系列的马克笔透明度都较高，很适合在深色的钢笔画或其他的线描图上搭配上色。我们一般选用的颜色都以灰色调为主，太过艳丽的颜色尽量少用，可作偶尔的画面点缀或强调，但要注意整个画面的均衡。

当然，马克笔也存在着颜色不是过于丰富的弱点，但可以用彩铅进行弥补，同时也增强了画面的虚实关系。

有的同学肯定困惑于马克笔用法的笔触，加上马克笔的价格也不菲，所以不敢下手。其实，马克笔的画法还是根据个人的习惯和能力寻找适合的技法。常见的方法有平涂、渐变、混合等方法。（图4－18至图4－24）

平涂的技法：一般就是在勾好的画面上，规则、均匀地涂上色彩。在平涂的时候也可以适当地留白，不一定要满涂，有重点的局部上色即可，画面还会显得轻快、生动。平涂主要是在笔触上没什么变化，基本上都是一种方向的涂画。

渐变的技法：主要是上色掌握由密到疏、由深到浅的变化方法。基本上可以用一种颜色的马克笔完成，也可以用同色系、不同深浅的笔搭配使用。这种笔触表现在画面上活力、生动且快速。

混合的方法：这种混合可以是由不同性质的笔产生（比如说马克笔和彩铅，或者就是在钢笔特有的笔触上加上马克笔或彩铅），也可以是不同颜色的笔的叠加所产生的效果。当然，主要还是取决于不同材质的质感。

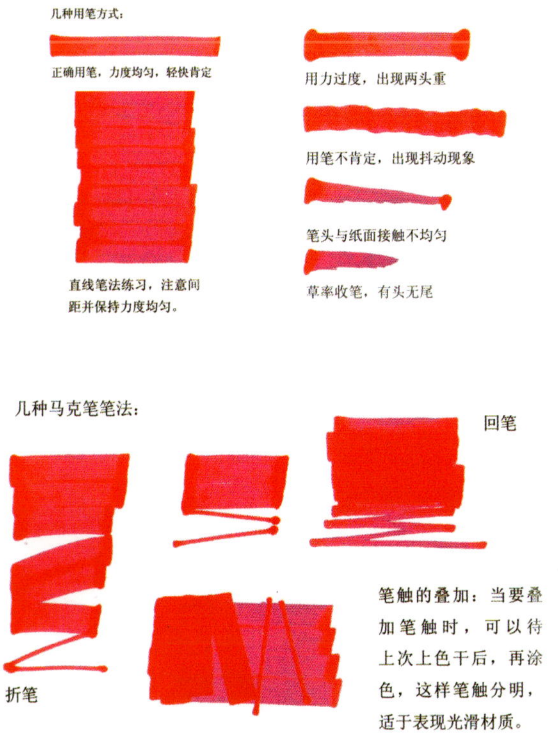

图4—18

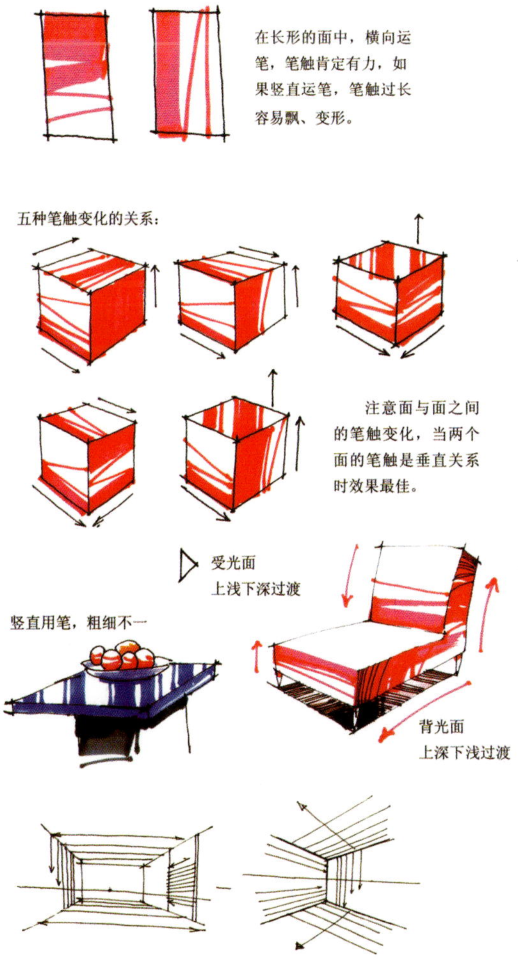

图4—19

图4—20

图4—21

图4—22

图4—23

图4—24

第四节　水粉画、水彩画表现技法

水粉画和水彩画都是传统的设计图表现的技法，一直沿用至今。

水粉颜料是绘画的基本材料，颜色很多，可以很好地表现室内的质感、光感，且其有很强的遮盖能力，可以对画面进行多方面的修改。

正是水粉色不透明且遮盖能力强，所以上色时要先深后浅，先暗后亮。我们画水粉画时都知道，水粉颜料是可以反复覆盖、添加的，但过多的画会产生灰、脏的不良效果。所以在表现室内设计的时候同样要注意，不要过多地修改、覆盖。能一次性完成的效果尽可能一次完成。

水彩相对水粉来说，其颜色明亮、轻快、透明。一般水彩是结合铅笔、钢笔绘成铅笔淡彩和钢笔淡彩的。铅笔和钢笔主要是弥补水彩画单薄的弱点，进行画面强调。

水粉画和水彩画作图都有同样的步骤，和前面技法不同，需强调一下。

1. 裱纸

首先是选择合适的纸张，一般选择水彩专用纸或绘图纸，要有吸水性的。先将纸的四边（大约2cm宽的边）折起，再在纸上（未折起的面上）用大号的底纹笔或排刷润湿，等纸充分膨胀后（大约5~10分钟），在折起的边涂上浆糊或胶水，贴在绘图板上。纸边一定要黏牢固，待晾干时应是平整的（不可在阳光下曝晒）。如有中间起包的话，需再用水润湿下。

2. 起稿、构图

一般采用在硫酸纸上用铅笔进行起稿，待完成后再拷贝到绘图纸上，可保持纸张的整洁。切不可用橡皮擦绘图纸，起毛的纸上会使画面的颜色沉淀，留下斑迹，从而破坏了画面的效果。

3. 上色

水粉的上色前面已经介绍过了，水彩的上色和水粉正好反过来，是先浅后深，是靠颜色的叠加和渲染来的。

水粉和水彩最主要的弱点就在于耗时过久。首先，裱纸就是一个烦琐、耗时的事情，一般天气干燥的情况下也需要一两个小时的时间，天气潮湿的情况下则需半天，时间完全用在等待上了。

其次，水粉和水彩都是沾水的活，也是需要等待耗时的。

所以，水粉画和水彩画很不适合快速设计表现，彩铅和马克笔技法逐渐被设计师们所青睐。

第五节　综合表现技法

虽然绘画的工具很多，且每种都有它的特殊画面效果，但难免都会有一些弊端。比如说水彩，虽然颜色很多，调色也很方便，但其表现如果把握不好，画面容易轻浮，这就需要我们在画面中加多点钢笔线条，这样既活泼了画面又加深了对比。（图4－25）

图4—25

马克笔着色轻松、快捷，但笔头宽度有限，大面积图画很不方便，如果结合水彩的渲染，使水彩色作背景，则能更加突显马克笔的表现及功能。

在综合技法中，也有将手绘表现图利用电脑处理，展现出一种新的效果。（图4－26，图4－27）

总之，室内设计技法表现并无特定的要求，只要适合和符合画面表现的，都可以尝试，根据自己的擅长和图面的需要进行表现。

图4—26

第六节　电脑表现技法

电脑表现技法现如今非常流行和普遍，它可以把设计的理念真实地表现出来。具体的表现技法市面上有很多工具书都有详细介绍，在这里就不详细说明了。（图4－28）

图4—27

图4—28

第七节　快速表现技巧与步骤

现在介绍的是徒手的快速表现图，材料上一般使用A3或A4复印纸即可，笔就用钢笔或水笔，粗细掌握在0.4mm左右，上色用马克笔（水性）和水溶彩铅。

◆ **案例一：**

步骤一：分析室内平面布置图，确定空间透视起始点和角度。（图4－29）

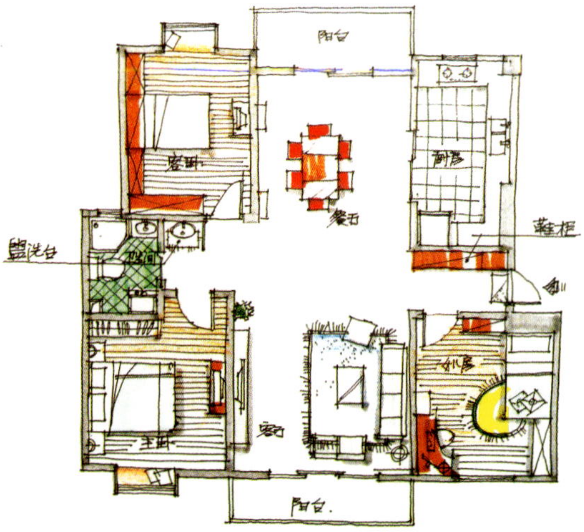

图4—29

步骤二：构思成熟后，开始画室内空间的墙体，确定大的比例和空间透视关系。注意透视的灭点一般定在比常人的视点低点（也就是地少顶多），当然也可以根据空间表现需要，确定灭点的位置。（图4－30）

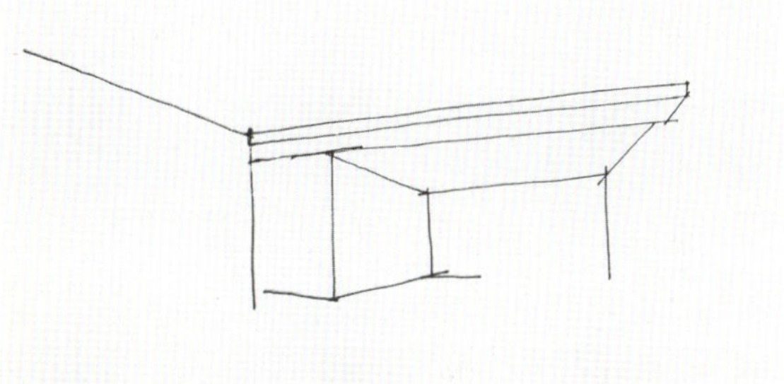

图4—30

步骤三：接着刻画室内主要表现的重心，着手刻画，使其突显出来。主要的面画出来，室内整体的透视关系就已经确定了，可以简单地把室内摆设物和小饰品的外轮廓点缀到位，以确定位置，如沙发、茶几。在勾勒的同时可以把明暗和质感顺手表现出来。家具的摆设和造型很重要，要符合整个画面的氛围。

注意：

（1）家具的比例和透视关系，可以墙面为参照物。

（2）主次关系和虚实对比。（图4－31）

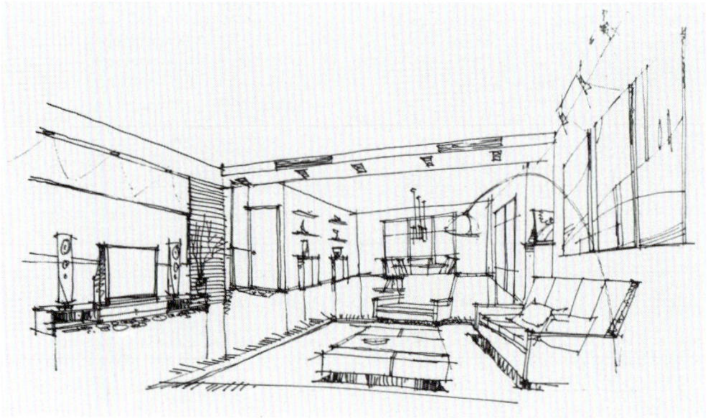

图4—31

步骤四：徒手线描稿结束后，接着就开始上色。一般先刻画暗面，但注意不能画黑，可以有适当的黑色，最好用灰色系列的马克笔，把整个空间大体的明暗肯定、果断地勾勒出来。（图4－32）

图4—32

步骤五：用灰色调的颜色刻画家具的受光面和背光面，加深物体的体积感、分量感。用色时注意不要太生硬或者过于艳丽，根据室内的整体色调确定家具的色调和环境的和谐。（图4－33）

图4—33

步骤六：最后就可以根据画面的需要，淡淡地上点彩铅，弥补马克笔表现的不足，同时也丰富了物体的肌理，起着特殊的效果。（图4－34）

图4—34

◆ **案例二：**

步骤一：把握大形，对空间的大体结构有个粗略的交代，简单地勾勒出来。（图4－35）

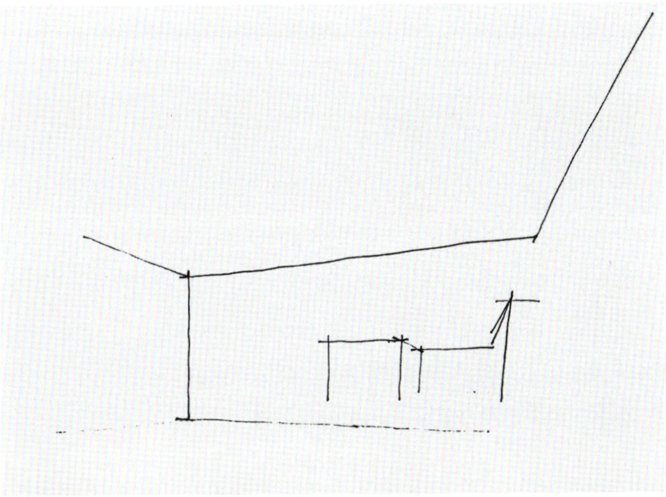
图4—35

步骤二：进一步完善空间的结构，并可把主体家具的大形、位置勾勒定位出来，使空间更为明确。（图4－36）

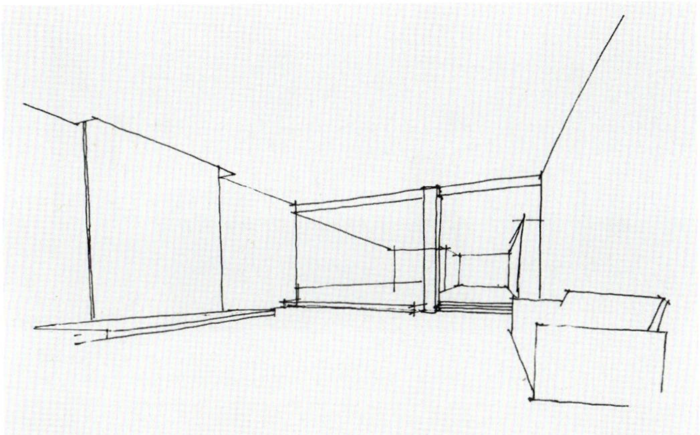
图4—36

步骤三：深入刻画空间的细部，使整个空间的结构、关系有个较好的交代。

注意：

(1) 家具的比例和透视关系，可以墙面为参照物。

(2) 主次关系和虚实对比。(图4－37)

图4—37

步骤四：上色。用灰色马克笔明确空间的明暗关系，增加空间立体感。有的人认为先上彩铅，确定空间的大体色调之后，再上马克笔。这种方法也不错，但易使马克笔笔头画脏。(图4－38)

图4—38

步骤五：细分空间家具色调、材质，深化空间氛围，并用彩铅完善。(图4－39)

图4—39

5

第五章　优秀作品赏析

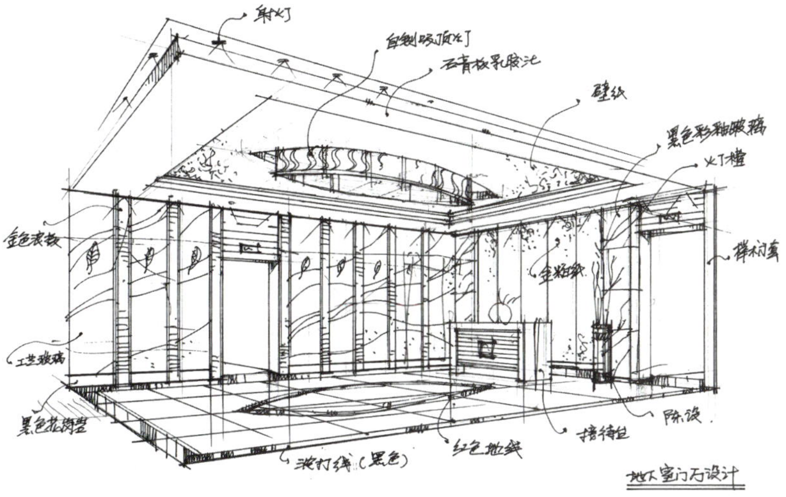

图5—1

这是一张门厅的设计草图，作者通过简单的线条表现出空间的层次和材质，表现随意洒脱。(图5–1)

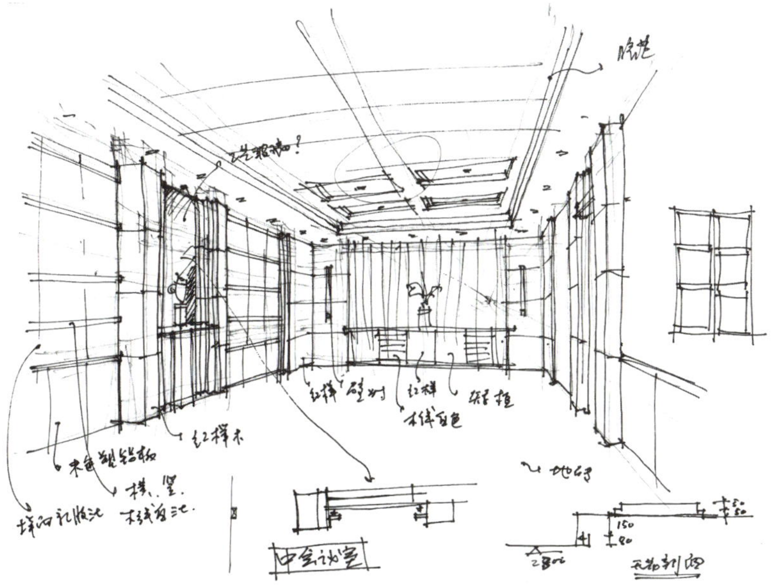

图5—2

作者通过简练的线条表现室内的空间，通过引线标出材质，这是设计师常用的方法。(图5–2)

图5—3

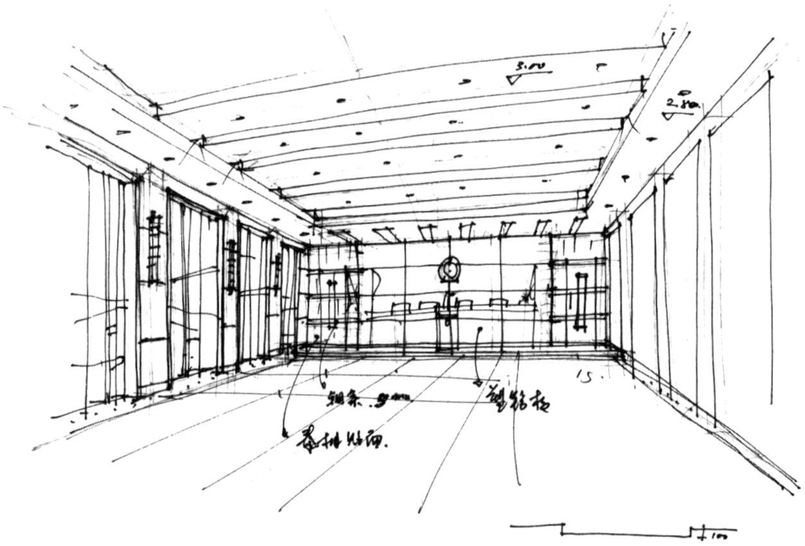

图5—4

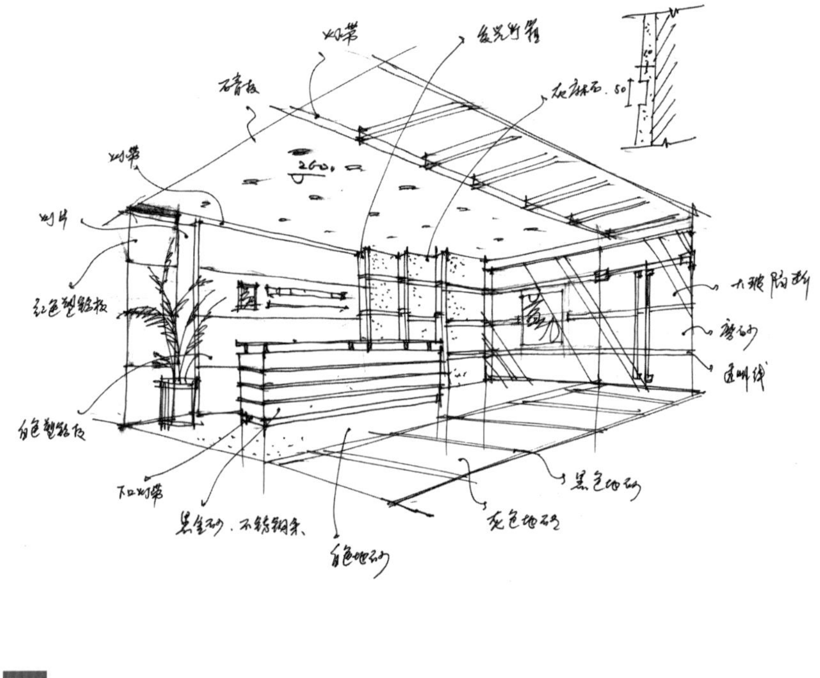

图5—5

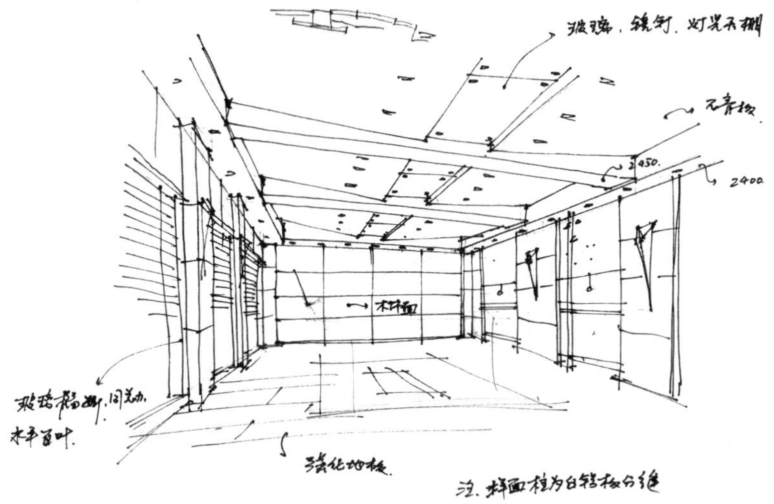
石膏板
2450
2400
木饰面
强化地板

图5—6

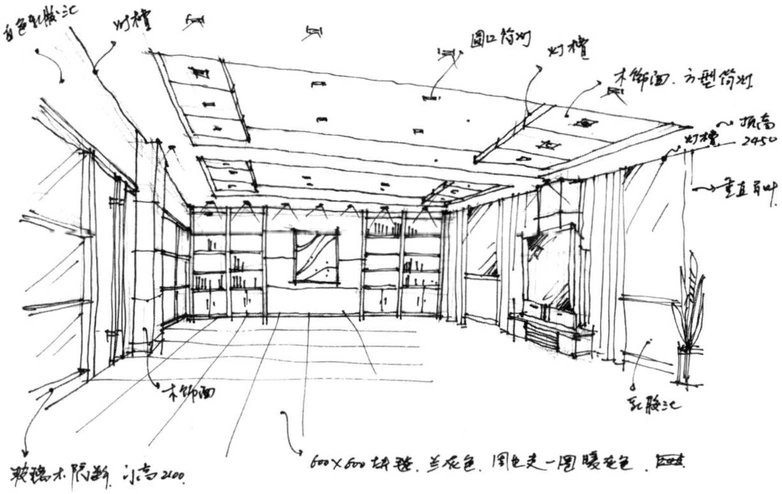
灯槽
圆口筒灯
灯槽
木饰面、方型筒灯
顶高
2450
垂直百叶
木饰面

图5—7

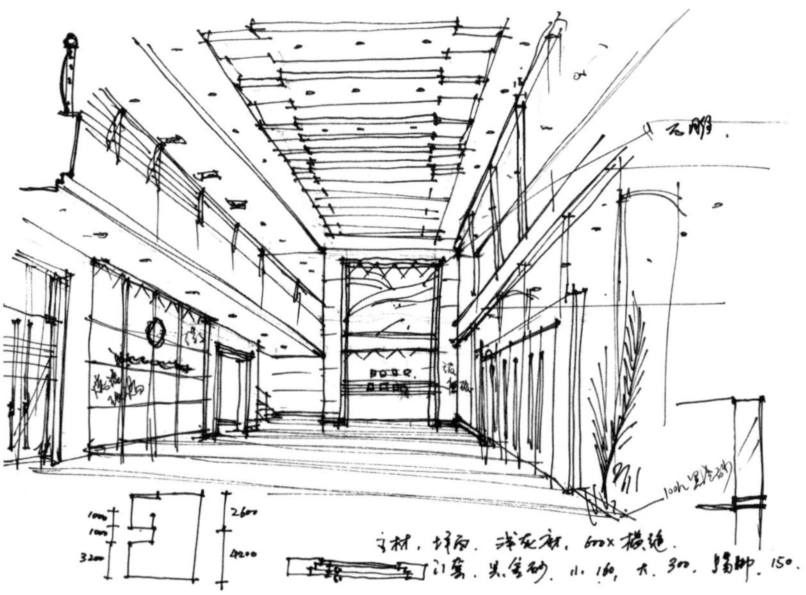
石雕
2600
4200
3200

图5—8

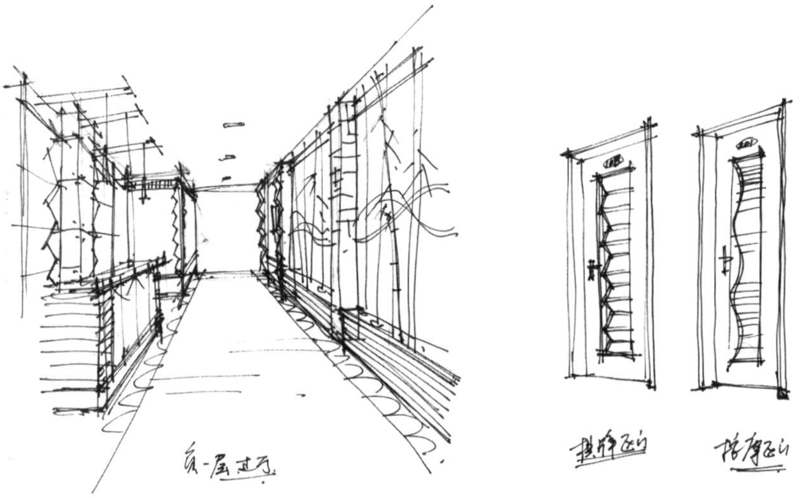

图5—9

图5—10

图5—11

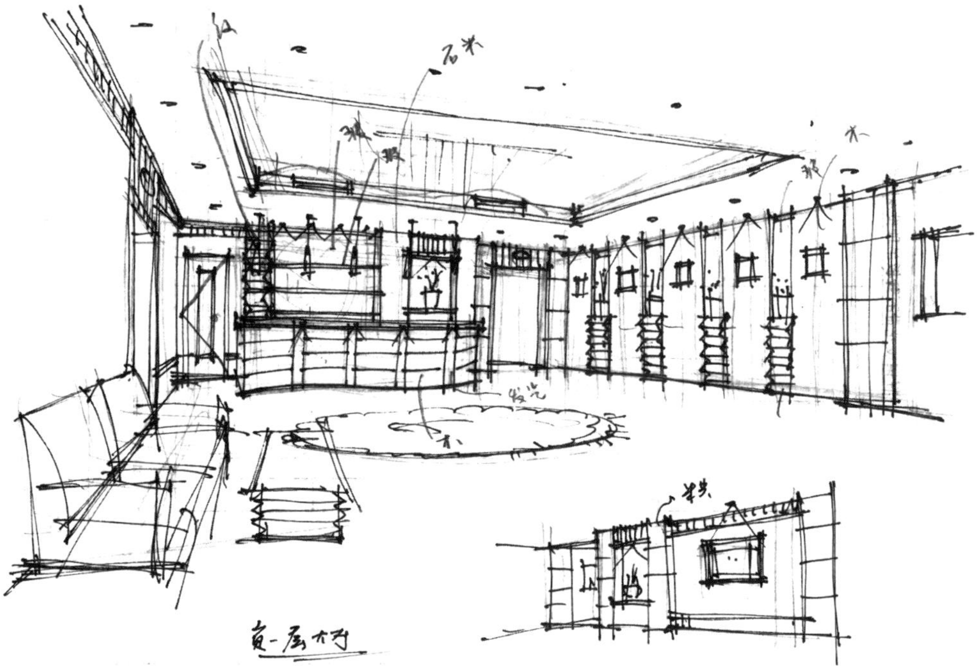

图5—12

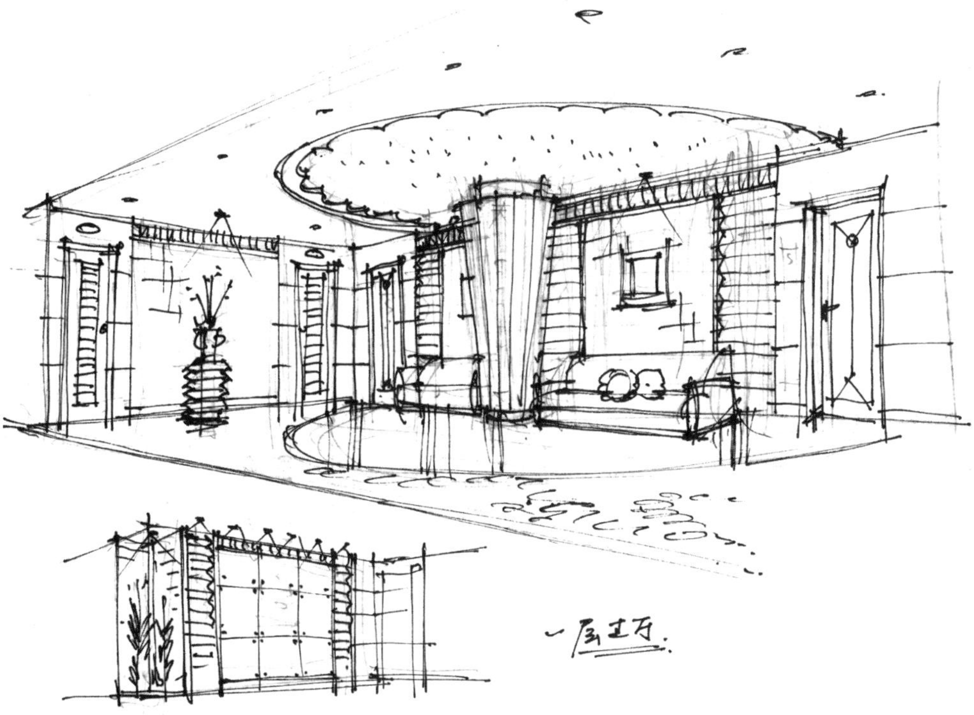

图5—13

我们在表现草图的时候，就是应该像这样，简简单单地用线条勾勒即可，看似随意简单，但已经把我们思维中的形象，迅速地捕捉于图中了。在草图中我们应尽快地勾勒和记载我们所需要的及待定的材料，使草图的内容更加完善。(图5-3至图5-13)

图5—14

这幅表现图深入描绘了室内的各个部分，当家具的光感加重后，使画面更具光感和稳定性。彩铅的加入更容易表现虚实的效果。（图5-14）

图5—15

这张效果图表现得比较干练。尤其注意的是，在我们表现家具的时候，描绘家具上的各种用品和陈设品，能更好地体现出家具的使用功能。（图5-15）

图5—16

在这张效果图上我们可以看出来，在表现的时候，尽可能地使用灰色系列的马克笔，这样画面会显得稳重些，个别的鲜艳颜色的介入会使图面更精神，但不宜过多。(图5-16)

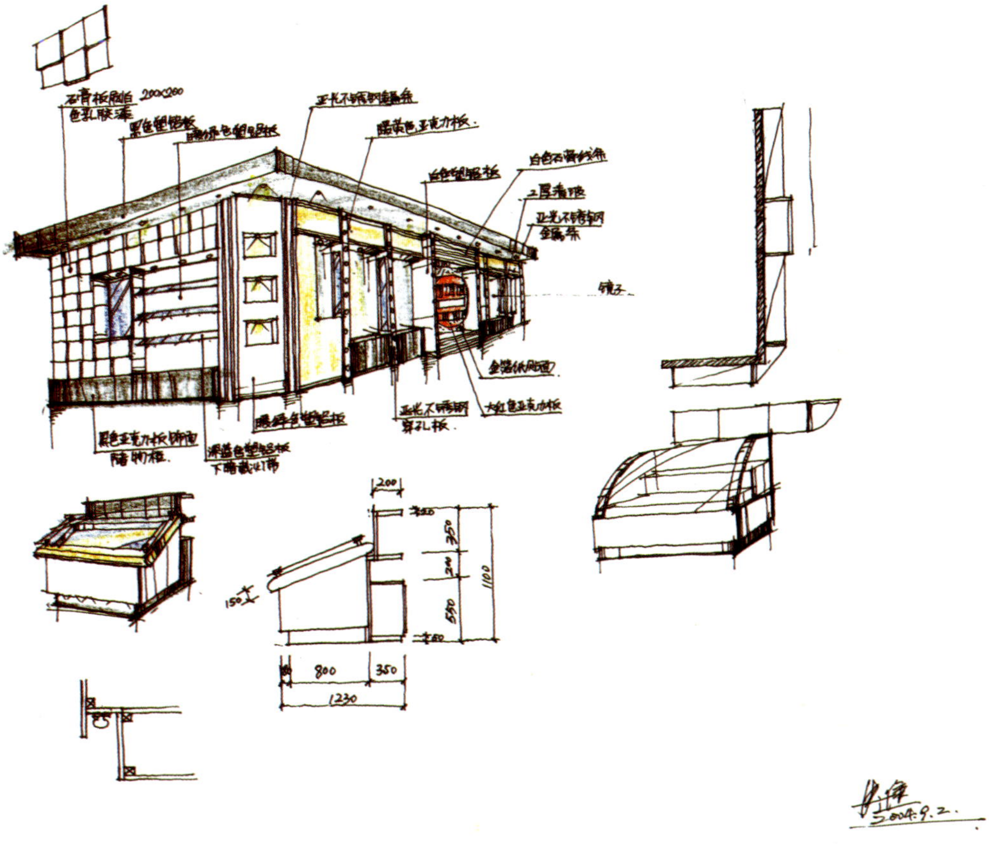

图5—17

这张设计的草图，把材质和结构都交代得很清楚，可以让甲方或施工人员很好地理解设计意图。(图5-17)

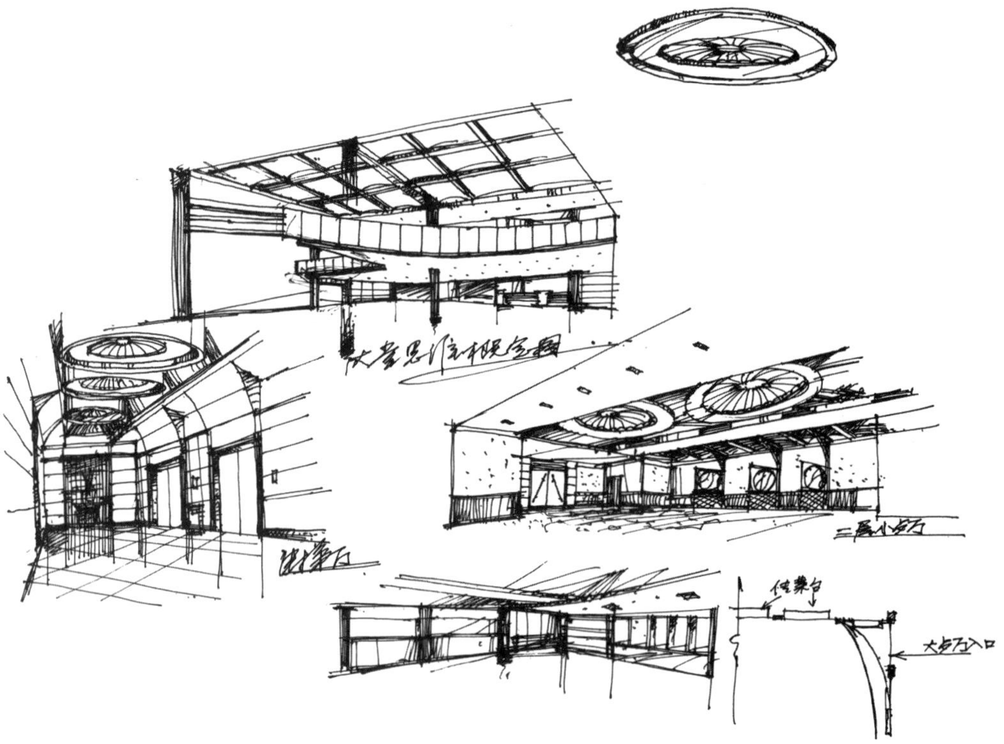

图5—18

这是一套图纸的草图表现，通过这些小图的勾勒，设计师可以很容易地把握大体风格。(图5-18)

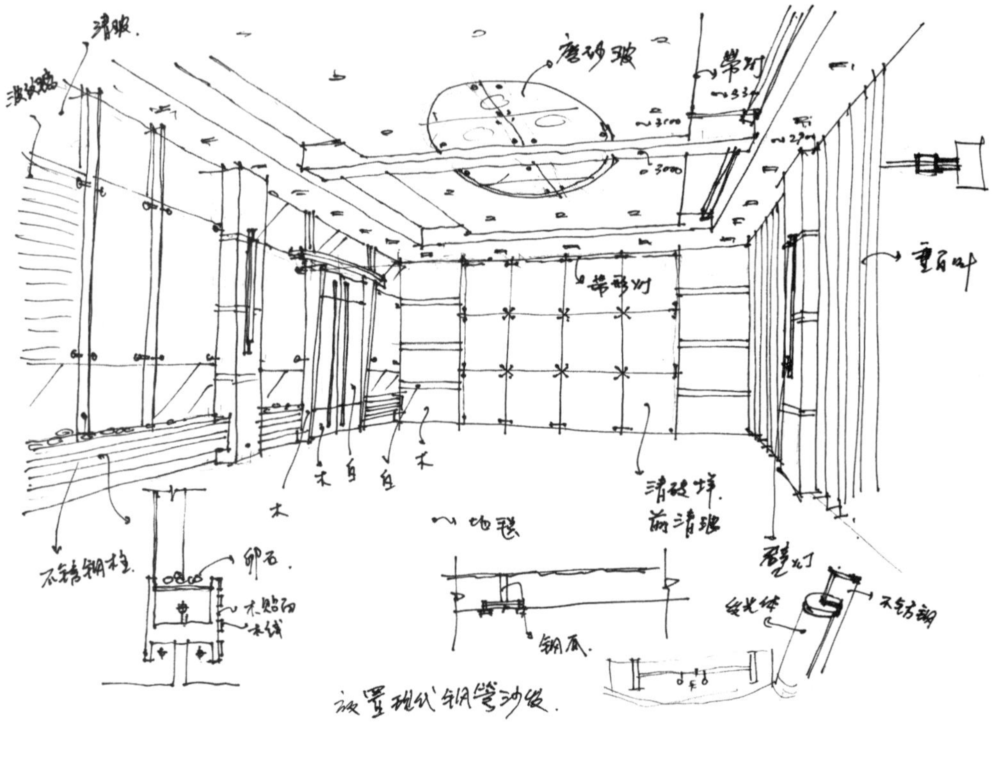

图5—19

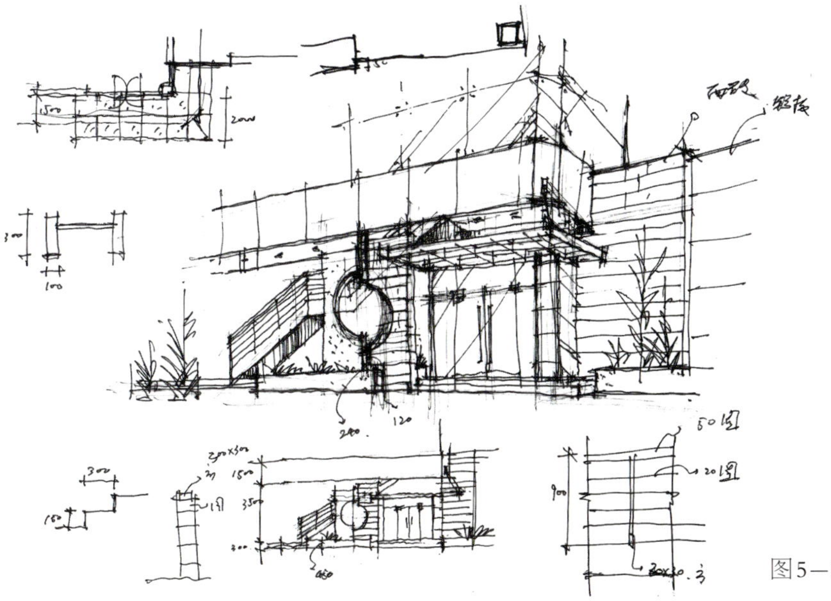

图5—20

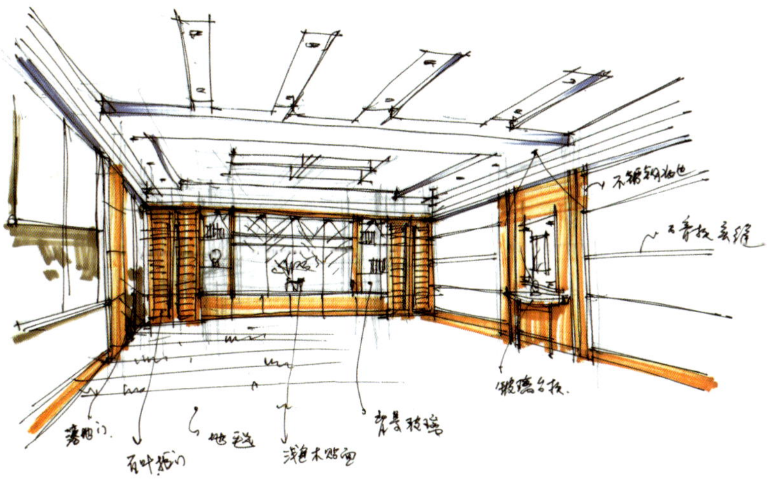

图5—21

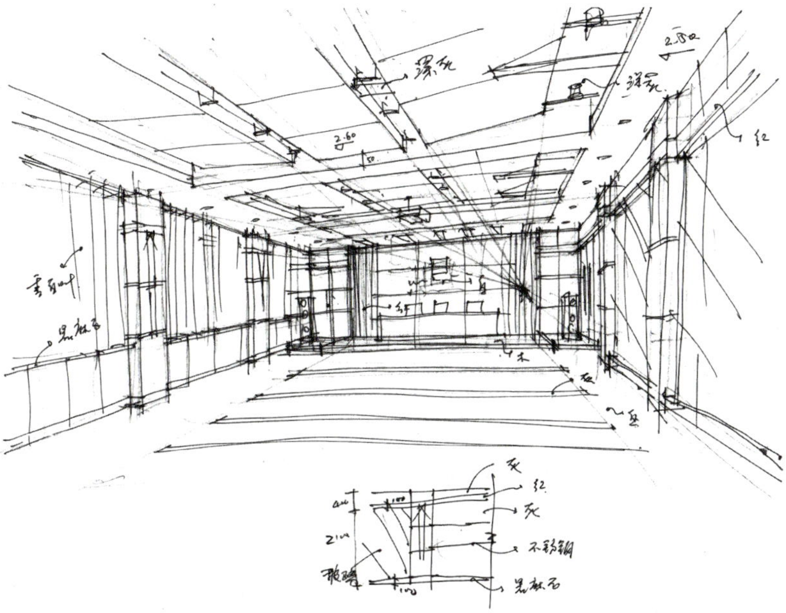

图5—22

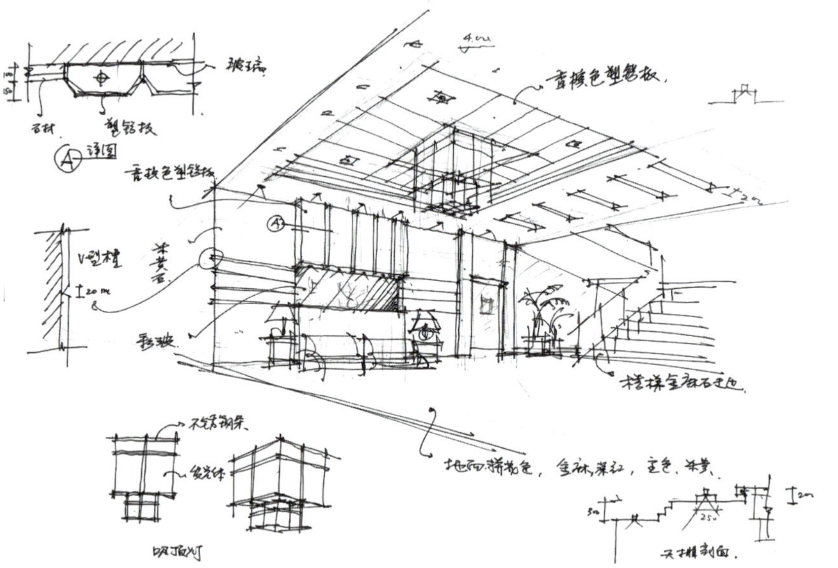

图5—23

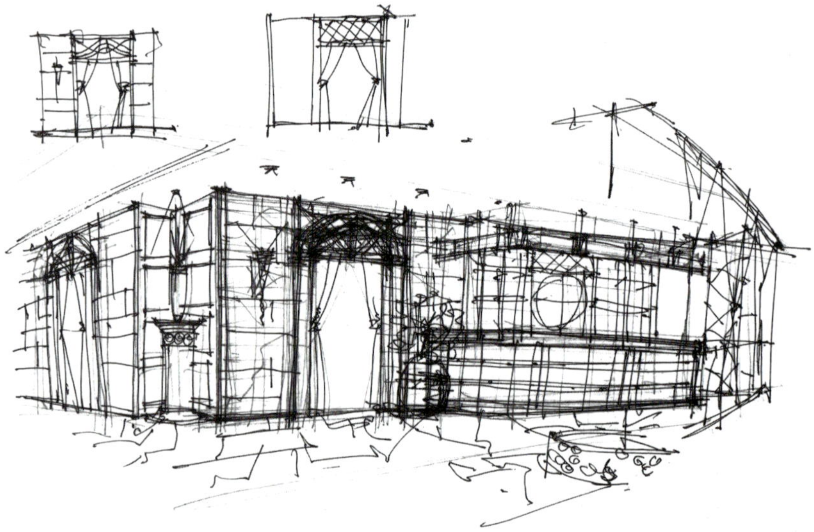

图5—24

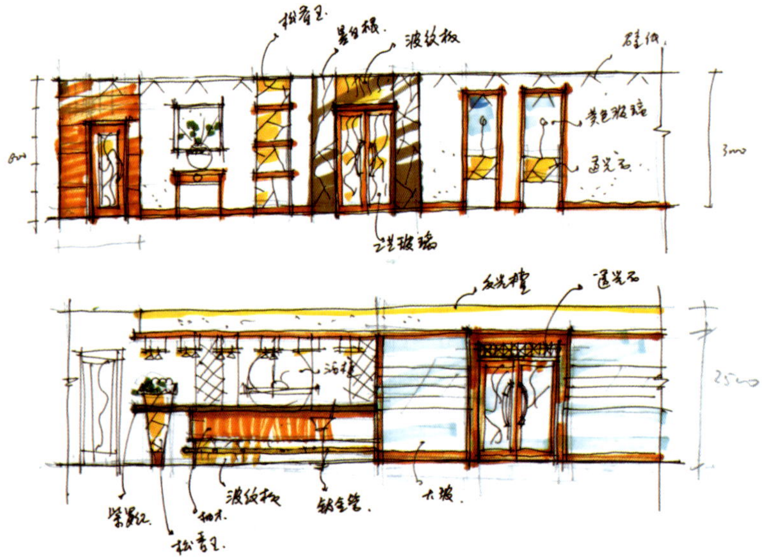

图5—25

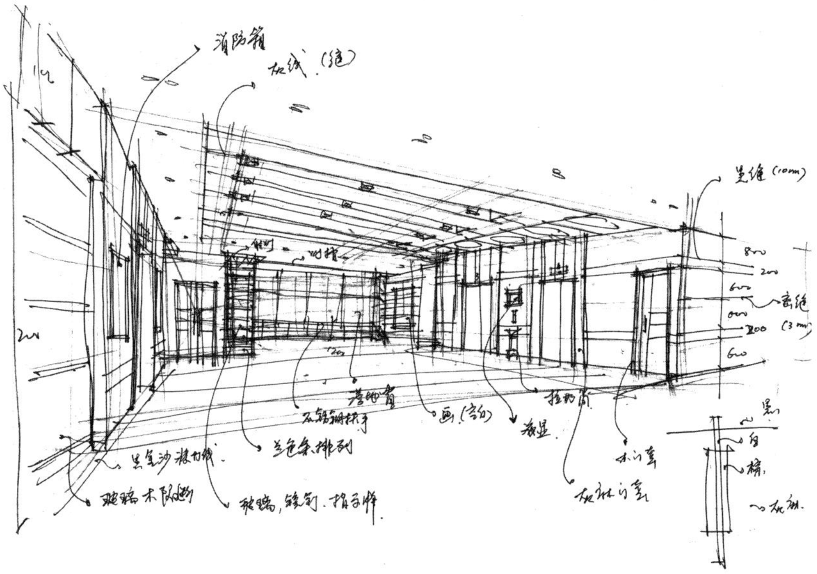

图5—26

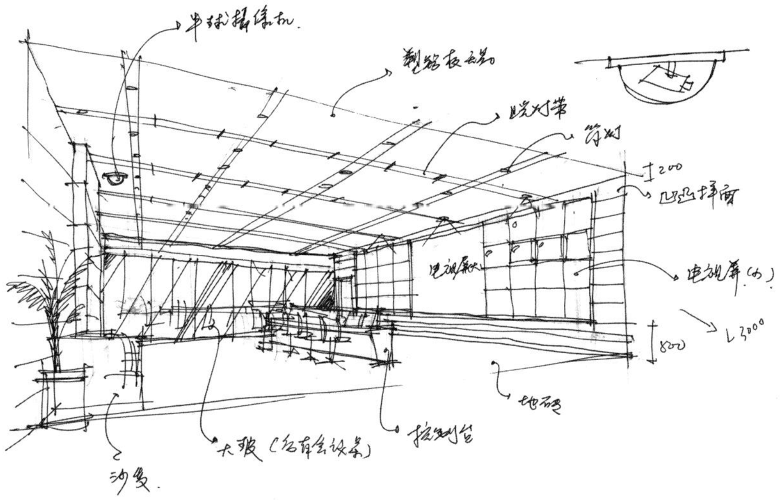

图5—27

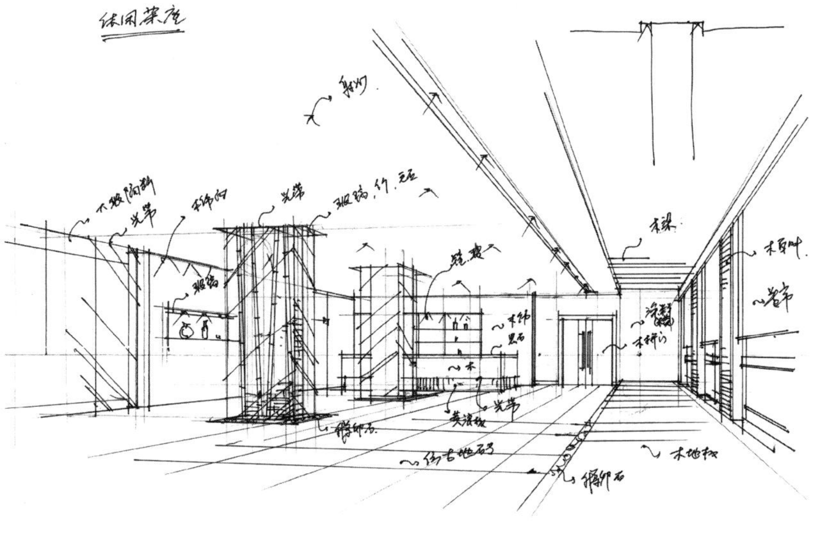

图5—28

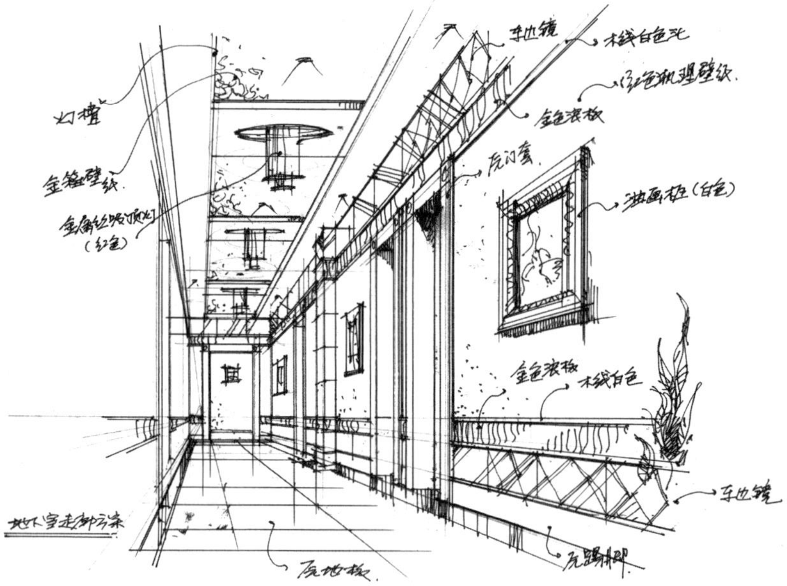

图5—29

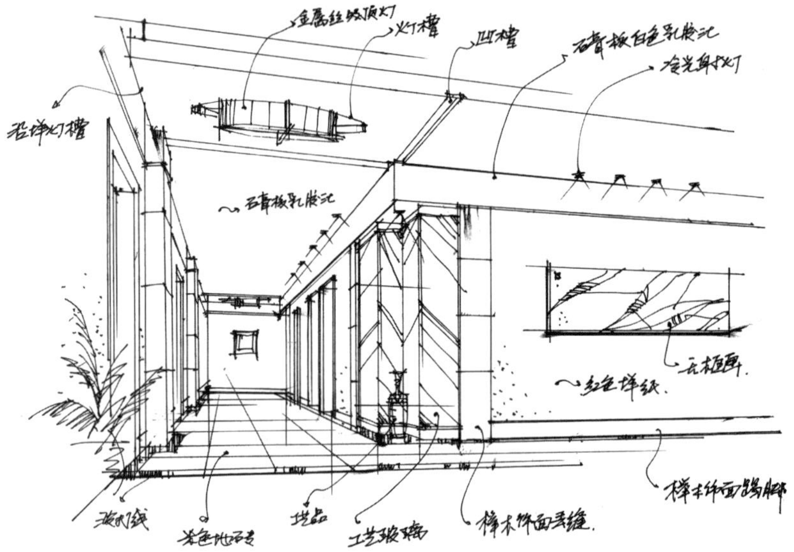

图5—30　一层走廊效果

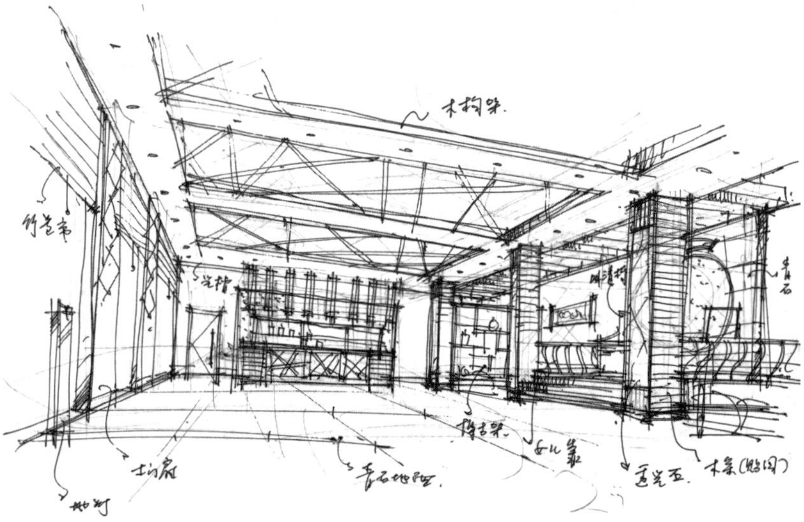

图5—31

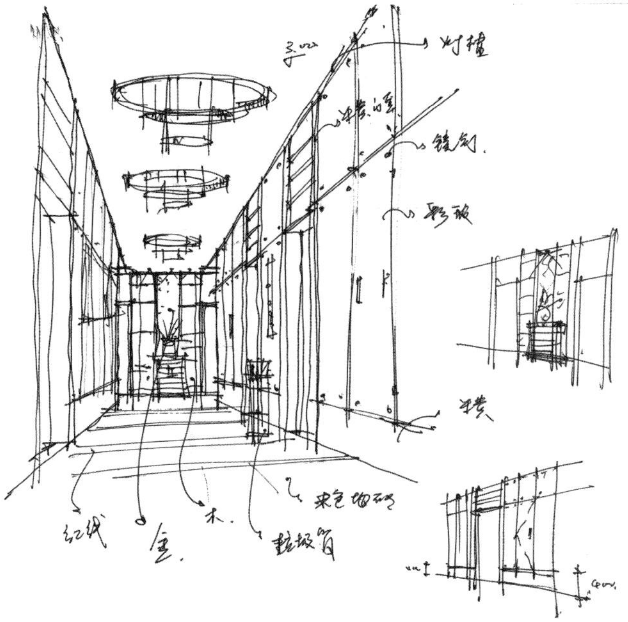

图5—32

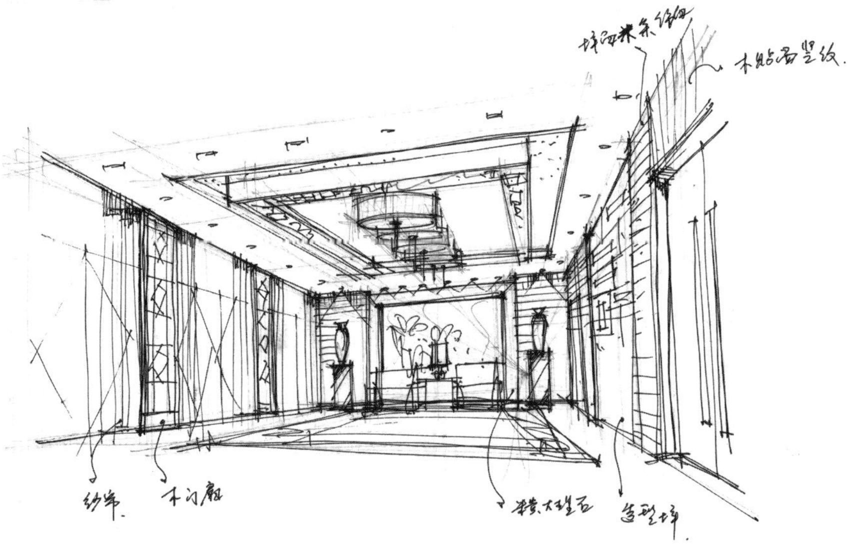

图5—33

图5—34

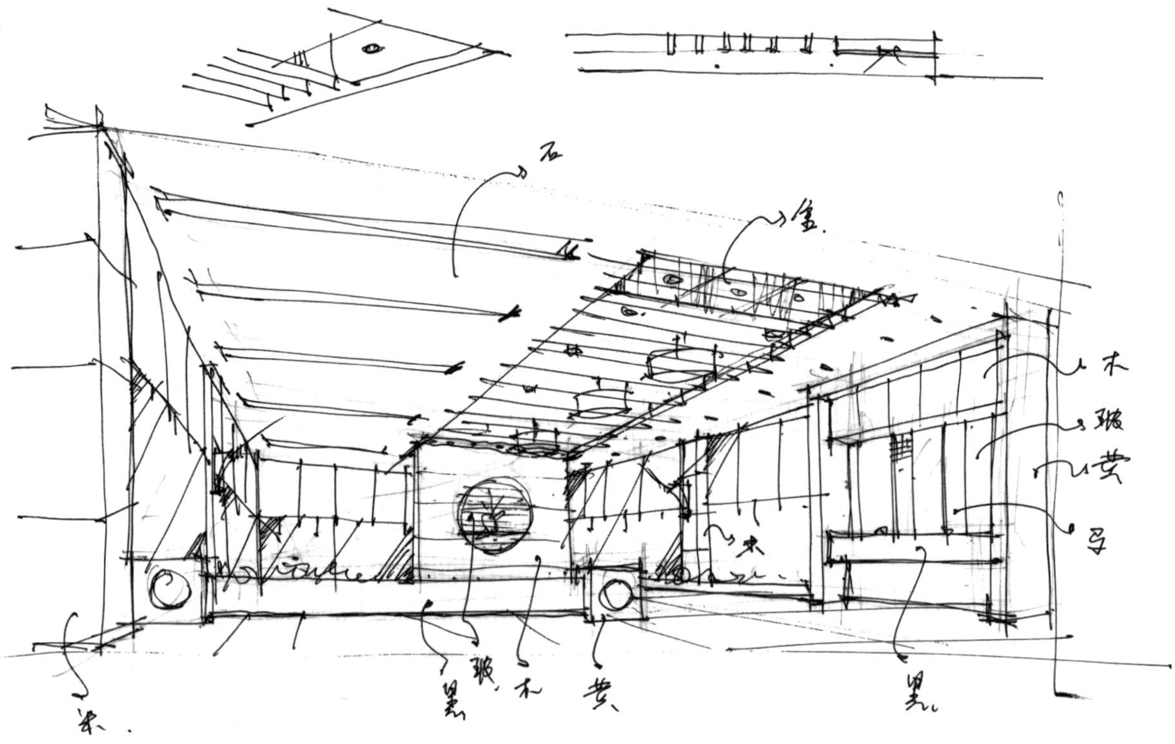

图5—35

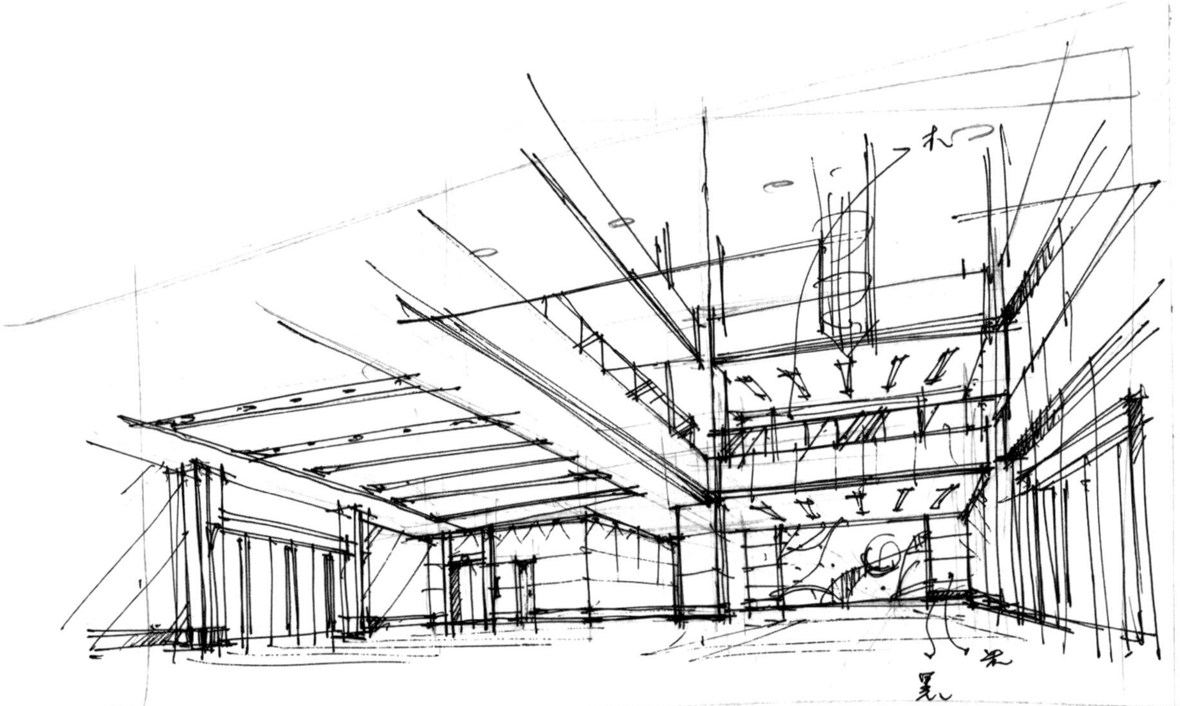

图5—36

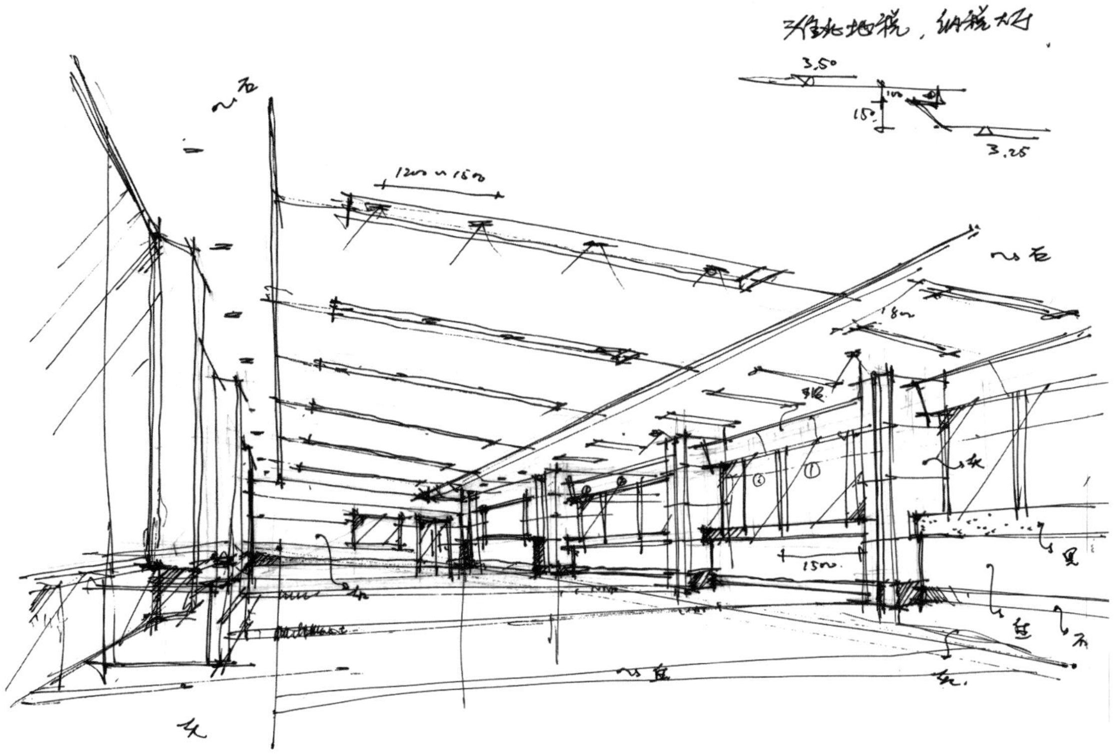

图5—37

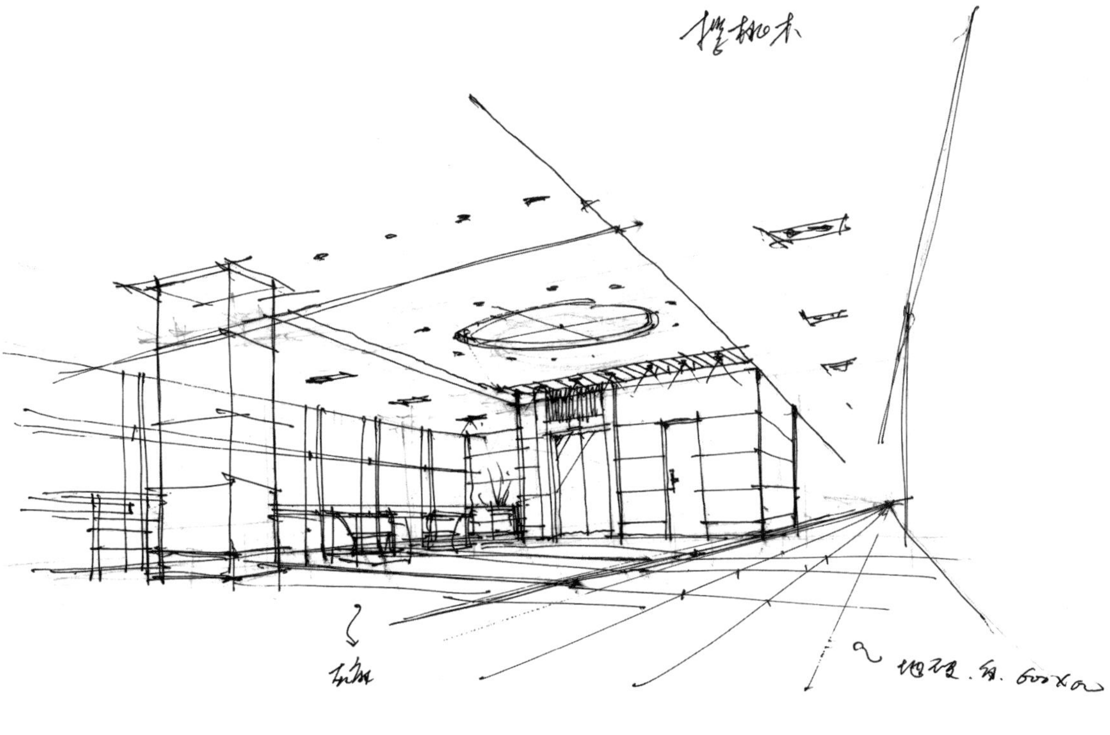

图5—38

初学手绘的同学在前期应多看看草图的表现，因为草图的轻松表现可以使你很放松地投入进来，在借鉴别人的手绘表现的手法和自己的长期练习后，就可以用手和笔在纸上完善自己的构思了。（图5-19至图5-38）

图5—39

这张水彩效果图表现得很随意、放松，很有马克笔快图的表现风格。(图5-39)

图5—40

这张图画面很紧凑，尤其在家具的表现上很严谨，质感表现得也还到位。主要用的是细头的马克笔。(图5-40)

图5—41

这张的风格和上一张比较像，同样利用细头的马克笔表现局部，在各个不同的材质上表现得很好，材质的纹理走向都表现到了。(图5-41)

图5—42

同样是一张用细头的马克笔表现的，颜色涂得很满，家具的颜色都表现得到位，但时间也会相对耗费得长一点，不适合快速表现。(图5-42)

图5—43

此图通过色粉加彩铅来绘制具有乡土气息的室内空间环境，作者对光的把握和表现很到位，整体环境的色调有种古典油画的感觉。(图5-43)

图5—44

这张水彩效果图表现得很细致，基本上应该是一次完成的，虽然并没特别强调那种光感的效果，但室内的各部分的层次都能分开。（图5–44）

图5—45

画面用色比较少，装饰摆设物也不多，表现出一种很质朴的室内氛围。（图5–45）

图5—46

画面的同色和笔触都比较随意，没有过多的细部处理，仅是这种大块面的用色就可以表现出很好的室内效果。(图5-46)

图5—47

这是一张马克笔表现的效果图，色彩鲜明简洁，随意的钢笔线条和彩铅笔触，使画面更生动。(图5-47)

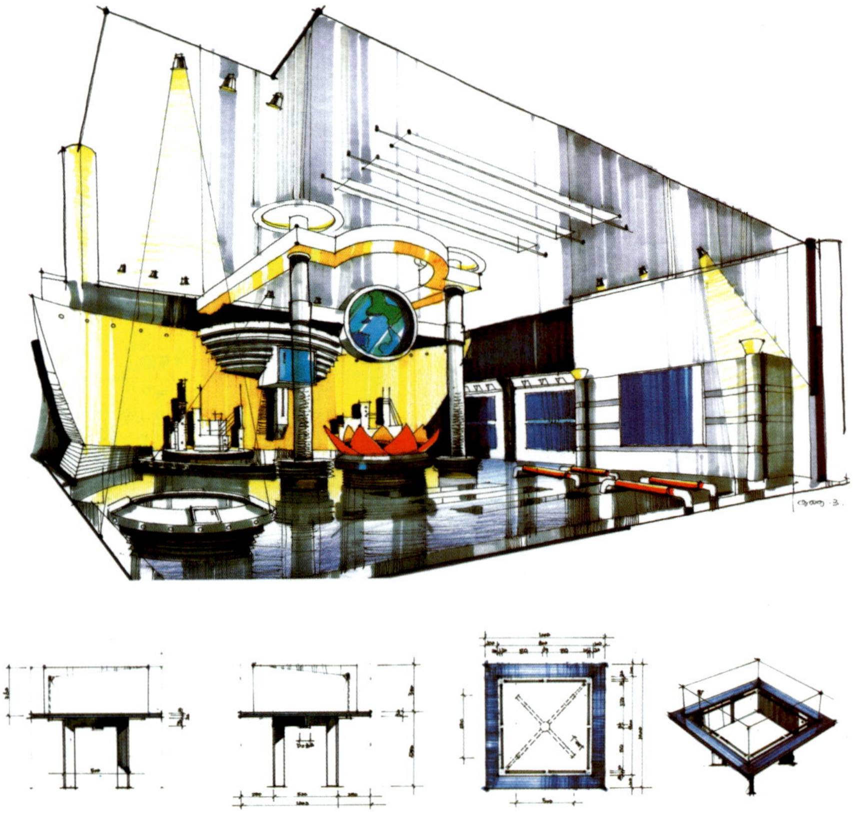

图5—48

这是一张展厅的效果图，鲜艳明快的色彩有种眼睛一亮的感觉。空间处理得当、合理。(图5-48)

图5—49

此图仍然是展厅的效果图，由于空间的特殊性，鲜艳的颜色用得较多，在绘图时要处理好度，画面不能粉气。(图5-49)

图5—50

一张电梯厅的效果图，冷暖色调的对比，使画面更加协调。地面材质的发光表现，点到为止，不会显得烦琐。(图5–50)

图5—51

画面中相当多的部分是空白，这种表现并不是未画完，而是一种视觉中心的表现，恰当的留白会使画面更生动、更精彩。(图5–51)

图5—52

从这幅作品可以看得出，作者的艺术修养相当的高，通过单色表现空间结构的手法，来达到设计上的共识。(图5-52)

图5—53

这幅作品在上色上，感觉好像是平涂，实际上却更好地表达了空间的色彩，给人的感觉是相当的震撼。(图5-53)

图5—54

这幅作品处理得相当理性和细致，在绘制前应做好分析，考虑好空间内的阴影、倒影和灯光的位置等等，合理配置过的作品会显得耐人回味。(图5-54)

图5—55

在表现这种大型空间时，人物的加入会使气氛有更好的烘托，同时也能反衬出空间的比例大小。所以，人物在画面中的比例关系必须严格细致。(图5-55)

图5—56

这张效果图是用彩铅表现的，用色很多，但花而不腻。地面相当实在的颜色拼合与顶面大面积留白形成了鲜明的对比，同时也使画面看起来更稳重。(图5-56)

图5—57

这张效果图将我们的视线吸引于中部，顶部和地面多是空白，中部为重要表现的地方，从而强调了主体。(图5-57)

图5—58

这张效果图表现得比较清爽，在投影和反光的处理上，对比比较强烈，整个环境的色调也较统一。(图5-58)

图5—59

画面的进深感很强，空间很大气。顶棚留出大片空白，能体现出室内的明亮和整洁。(图5-59)

图5—60

整幅图表现得比较细致、完整，作者刻意在前面的植物留白，使前景虚化，同时也会把视线交给中间部分。(图5-60)

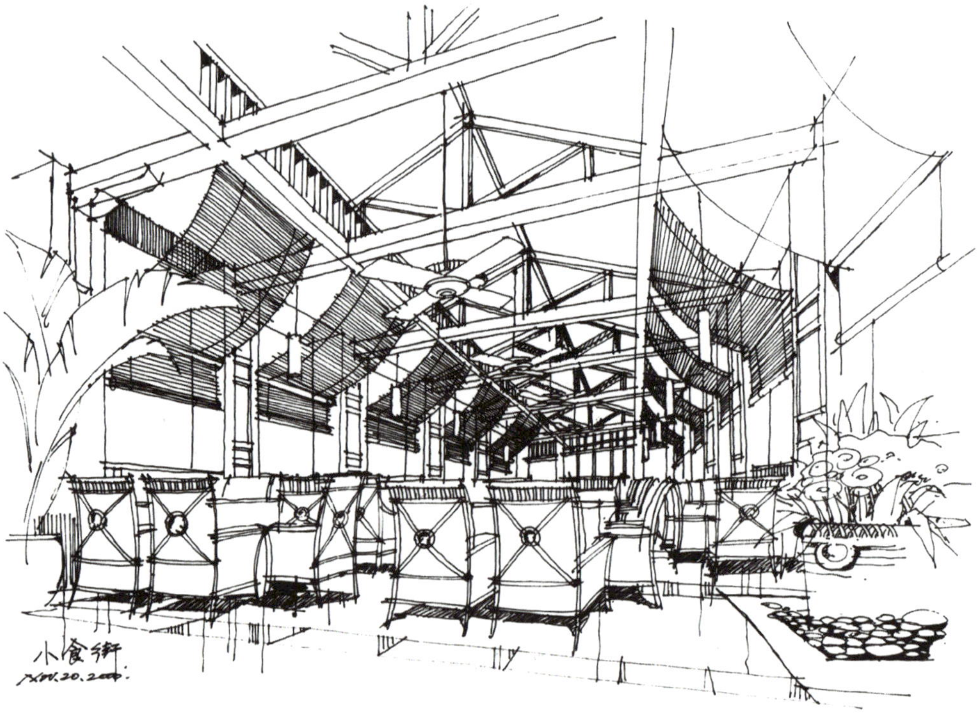

图5—61

这张徒手画用线很随意，空间构图很好，视平线放得比较低，这样能体现出空间的高大、阔气。(图5-61)

图5—62

这张效果图的表现手法很精湛，整幅图可以说是在素描的基础上上色的，所以家具的立体感都很强。彩铅在这张图上表现得比较到位，颜色间可以互相叠加，产生不同的效果。(图5-62)

图5—63

这张效果图排线紧凑、细腻，明暗的对比给人强烈的视觉冲击力。(图5-63)

图5—64

整个空间主要以冷灰的金属色为背景进行表现的，冷峻的空间比较适合于办公空间等。(图5-64)

图5—65

这张酒店大堂效果图构图相当巧妙，通过竖构图和广角透视使空间看起来比较阔气，也使室内的空间更富有层次。在暖色的卡纸上描绘，使室内有了主题色调，符合表现的内容。(图5-65)

图5—66

此图的表现效果感觉特别奇幻、神秘。比较适合娱乐空间的表现。此图在家具和绿化摆设上并没过多色彩表现，而是把室内的主要材质表现出来体现氛围。(图5-66)

图5—67

图5—68

此类效果图作者在表现的时候更像是种构成，作者并未过多地表现细节，整个空间大环境把握得恰到好处，使我们感受到每一个细节。作者在表现时，很注意虚实，留白是常用的手法，不难看出作者具有相当强的表现能力。(图5-67，图5-68)

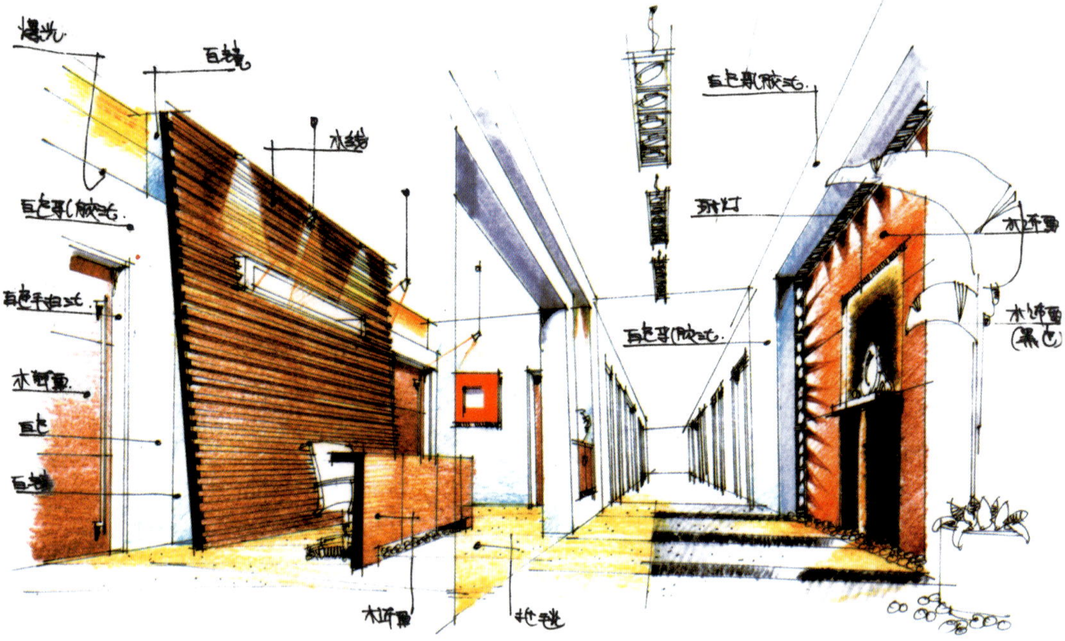

图5—69

图5—70

这两张是室内方案表现图，在此类效果图表现时，我们主要把室内主材表现清楚即可，对空间整体环境有个诠释。(图5-69，图5-70)

图5—71

图5—72

图5—73

图5—74

图5—75

这几张效果图是用彩铅表现的，因为彩铅的效果表现出来都比较轻飘，所以我们一定要利用线条来稳定画面。(图5-71至图5-75)

图5—76

这幅图的表现手法比较简洁，大块面的表现将室内环境表现得比较到位，在前景的物品上，作者表现得比较细致。(图5-76)

图5—77

这张图色彩表现比较淡雅，作者在表现物体暗面时用单一的水彩来完成，所以不像前面所看到的利用钢笔加深线条显得强烈。(图5-77)

图5—78

这是一张水彩渲染的表现图，在材质的表现上相当精彩，包括室内和室外光线的对比、虚实很到位。(图5-78)

图5—79

这张效果图绘制精细、稳重，对材质的诠释和细节表现也很到位，整个环境色调比较清爽。

图5—80

图5—81

图5—82

这三张设计随笔的不同风格，正好可以使我们看出不同表现手法的不同效果，只要是可以快速表现和记载的都可以加以利用。（图5-80至图5-82）

图5—83

图5—84

图5—85

图5—86

图5—87

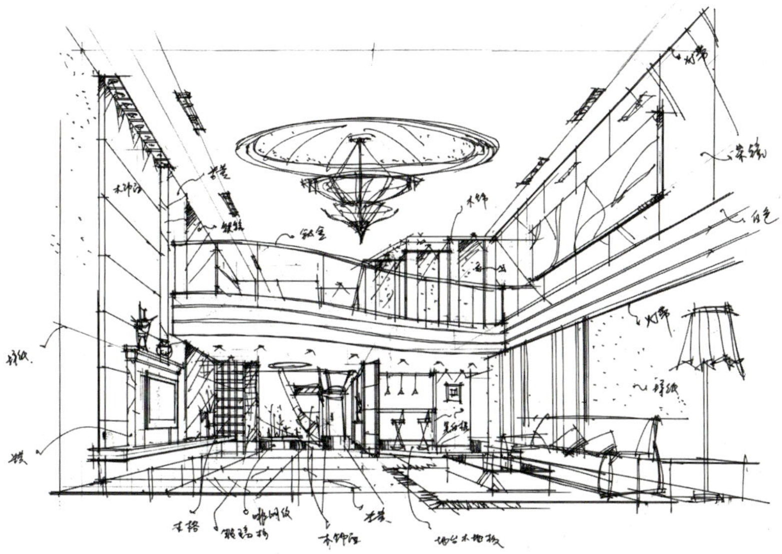

图5—88

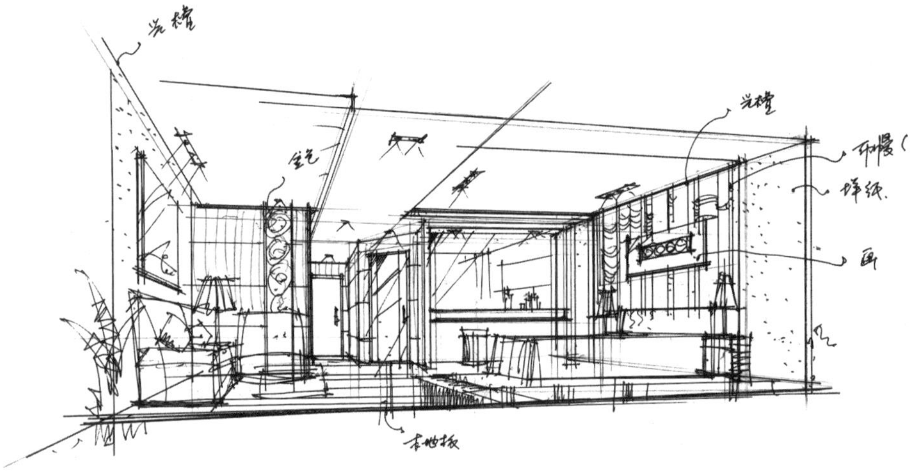

图5—89

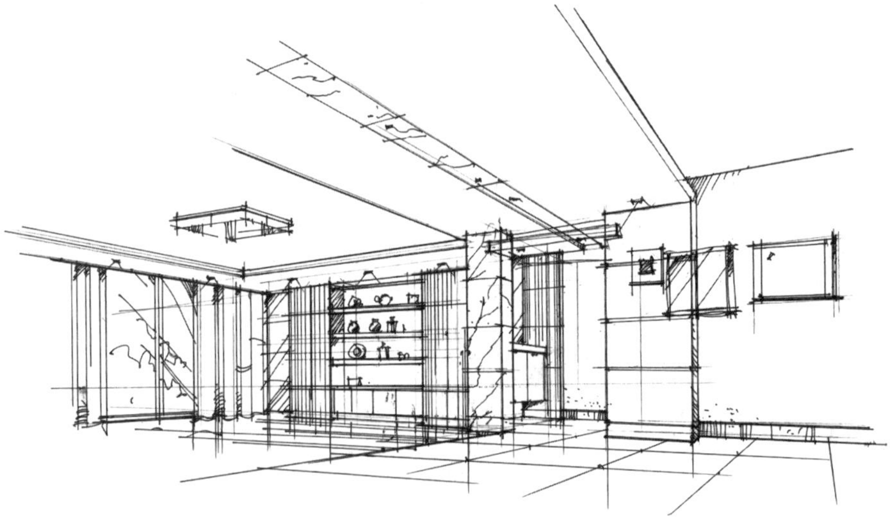

图5—90

图5—91

这些效果图是作者通过尺子表现的，我们可以看出，尺子所表现出的场景，结构清晰，通过一些徒手线条修饰，使得画面不会呆板，空间的软装饰可以使画面更为生动。(图5-88至图5-91)

图5—92

这是略带现代中式风格的客厅设计，阳光、灯光、主题墙的处理，使空间丰富，耐人寻味。(图5-92)

图5—93

此表现图用极简练的线条概括地表现空间的纵深感，也很注意图面的疏密处理，简略的色彩完美地表达了空间的气氛。(图5-93)

图5—94

图5—95

图5—96

图5—97

这些表现图对空间的功能、结构、材质、氛围表现得较详细，家具的详细表现可以很好地交代空间、活跃画面。(图5-94至图5-97)

图5—98

图5—99

图5—100

图5—101

这些都是电脑效果图，现在电脑事业突飞猛进，电脑软件也在不断更新，软件越来越能真实地表现场景。而且各种不同的软件之间还能互相配合使用，以达到更好、更逼真的效果。（图5-98至图5-101）

参考文献

1. 陈伟. 室内手绘效果图表现技法. 北京：中国青年出版社，2016.

2. 刘冬. 室内设计手绘完全解析. 北京：人民邮电出版社，2016.

3. 谢宗涛. 室内装饰手绘表现. 沈阳：辽宁科学技术出版社，2016.

4. 王东，余彦秋，刘清伟. 室内设计手绘与项目实践. 北京：人民邮电出版社，2016.

5. 符宗荣. 室内设计表现图技法. 北京：中国建筑工业出版社，2015.